# 网页界面设计

21世纪高等院校数字艺术类规划教材

黄玮雯　主编

陈佳　副主编

陈学平　主审

人民邮电出版社

北京

**图书在版编目（CIP）数据**

网页界面设计 / 黄玮雯主编. -- 北京：人民邮电
出版社，2013.2（2024.7重印）
21世纪高等院校数字艺术类规划教材
ISBN 978-7-115-29734-1

Ⅰ．①网… Ⅱ．①黄… Ⅲ．①网页－设计－高等学校
－教材 Ⅳ．①TP393.092

中国版本图书馆CIP数据核字(2012)第285199号

## 内 容 提 要

　　本书是一本专门针对网站设计的教材，分别从网页平面构成、网页的色彩搭配、网页设计中的排版布局、Photoshop 设计制作网页图像、Flash 网页动画设计与制作、Dreamweaver 静态基本页面的制作、Dreamweaver 制作网站页面的实例步骤和综合案例共 9 章介绍。本书不仅介绍网页美工设计所需要掌握的基础知识和美学原理，包括颜色理论、图像设计、动画设计等内容，同时还详细介绍了实际制作网页的经典案例，特别是第 9 章，综合使用前面所讲的知识点进行网页项目的整体制作。

　　本书可作为高等院校、高职高专的教材。对于专业的网站美工来说，也是一部参考书。

21 世纪高等院校数字艺术类规划教材

#### 网页界面设计

◆ 主　　编　黄玮雯
　　副 主 编　陈　佳
　　主　　审　陈学平
　　责任编辑　刘　博

◆ 人民邮电出版社出版发行　　北京市丰台区成寿寺路 11 号
　　邮编　100164　　电子邮件　315@ptpress.com.cn
　　网址　http://www.ptpress.com.cn
　　北京九州迅驰传媒文化有限公司印刷

◆ 开本：787×1092　1/16
　　印张：12.25　　　　　　　　2013 年 2 月第 1 版
　　字数：301 千字　　　　　　 2024 年 7 月北京第 11 次印刷

ISBN 978-7-115-29734-1

定价：35.00 元（附光盘）

读者服务热线：(010)81055256　印装质量热线：(010)81055316
反盗版热线：(010)81055315
广告经营许可证：京东市监广登字 20170147 号

# 前　言

在互联网络盛行的时代，越来越多的人希望拥有个人网站，以便与他人分享有价值的信息，越来越多的企业希望拥有一个好的网站，以便进行公司产品和形象的宣传。一个优秀的网站不应该只是信息的简单罗列，而应该从视觉设计的高度出发，按照美学审美要求来设计。一个好的网站在结构设计、导航设计、色彩设计、内容设计等各个方面都是很讲究的。从一定意义上来讲，网站代表了一个企业的精神面貌，是企业在网络媒体上的形象。

网站的设计过程涉及的软件很多，本书则利用 Photoshop、Flash 和 Dreamweaver 在网页设计中的不同功能来开发制作网站，让读者对网站的制作过程、网页设计技术的应用有一个全面的认识和掌握。

本书模拟企业实际的网站建设过程，以项目为载体，图文并茂，浅显易懂。全书共分为 9 章，介绍了网页美工设计的平面构成、色彩构成、网页中的排版布局、Photoshop 设计制作网页图像、Flash 网页动画设计与制作、Dreamweaver 静态基本页面的制作，还介绍了 Dreamweaver 制作网站页面的实例步骤，特别是第 9 章的综合案例，综合使用前面所讲的知识点进行网页项目的整体制作。

本书由重庆电子工程职业学院黄玮雯任主编，重庆电子工程职业学院的陈佳任副主编，参加本书编写工作的还有重庆电子工程职业学院的张磊和宋超，重庆工商大学现代国际设计艺术学院的程晓春，重庆邮电大学的徐聪。

重庆电子工程职业学院的陈学平教授对教材的大纲和内容进行了审定，在此谨致谢意。由于编者水平有限，书中难免有疏漏和不足之处，请广大读者批评指正。

本书的参考学时为 70 学时，各章的参考学时参见下面的学时分配表。

| 章节 | 课程内容 | 学时分配 | |
|---|---|---|---|
| | | 讲授 | 实训 |
| 第 1 章 | 网页平面构成 | 3 | 3 |
| 第 2 章 | 网页的色彩搭配 | 3 | 3 |
| 第 3 章 | 网页编排设计 | 4 | 4 |
| 第 4 章 | Photoshop 设计制作网页图像 | 3 | 4 |
| 第 5 章 | Flash 网页动画设计与制作 | 3 | 4 |
| 第 6 章 | Flash 交互式网页动画的创作 | 2 | 3 |
| 第 7 章 | Dreamweaver 静态基本页面的制作 | 4 | 4 |
| 第 8 章 | Dreamweaver 制作网站页面 | 4 | 3 |
| 第 9 章 | 综合案例 | 8 | 8 |
| 课时总计 | | 34 | 36 |

编者

2012 年 9 月

# 目录

# 第1章
## 网页平面构成

**本章知识重点：**

1. 平面构成的基本知识

2. 网页设计中的平面构成

3. 构成设计在网页设计中的应用

网络媒体是基于互联网这个信息平台，以计算机、电视机以及移动电话等作为终端，以文字、声音、图像等形式来传播新闻和信息的一种数字化、多媒体的传播媒介，与传统的报纸、杂志、广播、电视四大媒体相比，网络传播具有数字化、全球化、即时性、互动性、自由开放性、信息海量等优势。目前，互联网的发展呈现了视频化发展趋势。搜索引擎、门户网站、新闻网站、社交网站与视频网站正在构成网络媒体的主流。

## 1.1 平面构成概述

平面构成是设计的基础。平面构成主要是研究在二维空间基本形态的创造和画面的构成方式，是在二维的平面空间按照一定的主题要求、方法原理，对设计元素进行各种视觉信息形式的设计与组成，使组成效果具有较强烈的视觉信息和美感的创造活动。

构成是一个近代造型概念，其含义是指将不同或相同形态的几个以上的单元重新组合成为一个新的单元，构成对象的主要形态，包括自然形态、几何形态和抽象形态，并赋予其视觉化的、力学化的观念。平面构成探讨的是二维空间的视觉方法。其构成形式主要有重复、近似、渐变、变异、对比、集结、发射、特异、空间与矛盾空间、分割、肌理、错视等。

### 1.1.1 平面构成设计的元素

概念元素：点、线、面、体。

视觉元素：将概念元素体现在实际设计中，包括大小、形状、色彩和肌理等。

关系元素：把视觉元素在画面上进行组织、排列，形成一个画面的依据，完成视觉传达的目的。包括方向、位置、空间和重心等。

实用元素：是指设计所表达的内容、目的和功能。

### 1.1.2　平面构成的形式美

**1. 总法则：变化统一**

**2. 对比与调和**

对比是将相同或相异的视觉元素作强弱对照编排所运用的形式手法，使主体更加鲜明、作品更加活跃。对比的方法有色彩、大小、质地、方向、疏密和虚实对比等。调和是在类似或不同类的视觉元素之间寻找相互协调的因素，也是在对比的同时产生调和。

**3. 对称与均衡**

对称是指对称轴两边的形态面积是相等的。对称的特点是整齐、统一，具有极强的规律性。均衡是指形态面积不一定相等，但量的感觉是雷同的，具有更多变化形式，较活泼，容易产生新的效果。

**4. 节奏与韵律**

节奏是均匀的重复，是在不断重复中产生频率节奏的变化。

韵律不是简单的重复，而是比节奏要求更高一级的律动。在组织上合乎某种规律时所给予视觉和心理上的节奏感觉，即韵律。

### 1.1.3　平面构成的骨骼及基本形式

任何一幅构成作品都是按照一定的规律用基本形组合起来的，这种管辖编排形象的方式称为骨骼。在基本形的组合中，排列和组合往往都需要框架，这个框架就称为骨骼。基本形和骨骼的关系就是骨与肉的关系，极为重要。

骨骼的样式分为规律性骨骼和非规律性骨骼。规律性包括重复、近似、渐变、发射、特异等，具有很强的规律性。非规律性包括密集、对比、节奏、韵律、分割、肌理、空间等。

**1. 重复构成**

重复构成是以一个基本单形为主体，在基本格式内重复排列，排列时可作方向、位置变化，具有很强的形式美感，其中包括骨骼的重复与基本形的重复，如图 1-1 所示。

图 1-1　重复构成

## 2. 近似构成

近似构成是具有相似之处的、形态的组合构成，一般采用基本形体之间的相加或相减来求得近似的基本形，如图1-2所示。取得近似要在不同中求相同，相同中求不同。一般近似是大部分相同小部分不同。

## 3. 渐变构成

渐变构成是指基本形或骨骼逐渐地、有规律地循序变动，产生节奏、韵律、空间、层次感，其中有形状、大小、方向、间距、色彩的渐变关系，如图1-3所示。

图1-2 近似构成

图1-3 渐变构成

## 4. 发射构成

发射构成是以一点或多点为中心，向外扩散或向内聚集等视觉效果，具有较强的动感及节奏感，如图1-4所示。发射骨骼的构成因素有两方面：发射点、发射线。发射有3种形式：离心式、向心式、同心式。

## 5. 特异构成

特异构成是在有规律性的基本形中寻求一种突破变化的构成形式。特异构成的因素有形状、大小、位置、方向及色彩等，局部变化的比例不能变化过大，否则会影响整体与局部变化的对比效果，如图1-5所示。

图1-4 发射构成

图1-5 特异构成

## 6. 密集构成

密集构成相对自由，是使数量颇众的基本形在某些地方密集起来，而在其他地方疏散，最密或最疏的地方常常成为整个设计的视觉焦点，在画面上造成一种视觉上的张力。需要注意的是，在密集构成中，基本形的面积要小，数量要多，才能有效果。为了增强密集构成的视觉效果，也可以在基本形之间产生覆叠、重叠和透叠等变化，以加强构成中基本形的空间感，如图 1-6 所示。

### 7. 对比构成

对比构成是一种自由构成形式，它不以骨骼线为限制，而是依据本身的大小、疏密、虚实、显隐、形状、色彩和肌理等方面的对比构成，给人以强烈、鲜明的感觉。

图 1-6　密集构成

### 8. 空间构成

空间是一种具有高、宽、深的三维立体存在的客观形态。运用透视学原理，以消失点和视平线求得幻觉性平面空间效果构成称为空间构成，如图 1-7 所示。在平面构成中，空间只是一种假象，是错觉，本质是平面的。所以，平面空间具有平面性、幻觉性和矛盾性。

### 9. 肌理构成

凡凭视觉即可分辨的物体表面之纹理，称为肌理。肌理的形态构成分为视觉肌理和触觉肌理。以肌理为构成的设计，就是肌理构成，如图 1-8 所示。肌理构成的方法有绘制、喷洒、烟熏、擦刮、拼贴、渲染、印拓、堆积等。

图 1-7　空间构成

图 1-8　肌理构成

## 1.2　网页中的平面构成

### 1.2.1　网页设计中的平面构成

网页是构成网站的基本元素，是承载各种网站应用的平台。通俗地说，网站就是由网页组成的。网页（Web Page）是一个文件，它存放在世界某个角落的某一部计算机中，而这部计算机必须是与互联网相连的。网页经由网址（URL）来识别与存取，当在浏览器中输入网址后，经过一个复杂而又快速的程序，网页文件会被传送到你的计算机，然后再通过浏览器解释网页的内容，展示到你的眼前。网页是万维网中的一页，通常是 HTML 格式（文件扩展名为.html 或.htm）。网页通常用图像档来提供图画。网页要通过网页浏览器来阅读。

网页设计是一个系统整合工程，它包括内容、技术和视觉传达设计 3 个方面环节，是艺术与技术的结合。当确定好一个网页的内容和主题后，就需要在现有技术条件下明确设计的对象，运用各种设计要素来表现网页的主题。进行网页设计时需要考虑以下几个方面。

文字设计：LOGO 文字、正文文字、按钮文字。

图标设计：按钮、LOGO、矢量图标、像素图标。

导航设计：导航条、站点地图。

音频设计：背景音乐、动画音乐。

视频设计：网络广告、网络视频。

动画设计：网络广告、GIF 动画、FLASH 动画。

图形、图像设计：广告条、矢量图形、像素图案。

VR 设计：三维广告、虚拟现实等。

点、线、面是平面构成的基本元素，也是一切造型的根本。所有的物质形态都可以归结于点、线、面以及它们综合构成物质的形态。网页的视觉设计也是在处理点、线、面三者的关系。一个按钮和文字在网页中表现为点，导航条和一行文字可构成线，而一幅图片、一段文字则构成了面。点、线、面的位置和大小的不同能使网页呈现不同的视觉效果。

**1. 网页设计中点的构成**

点表示位置，它既无长度，也无宽度，是最小的单位。一个单独而细小的对象都可称为点。点在页面中能起到点睛的作用。在网页中，如果能够在某个位置中设置一个小的形象，也就是只有唯一的点，周围如果是大面积的空白，点就能够吸引观者的视线，形成为视觉中心。如果页面中有两个点，那么视线会在这两个点之间移动，就会形成视觉张力。如果页面中有 3 个点，那么视线会在这 3 个点之间移动，形成一个三角形的面。合理地运用点的排列，会引起视觉的游动。用点的大小、形状和间距的变化来制作网页，可以设计出节奏、韵律、变化丰富的页面，如图 1-9 所示，这一张是由多幅图片组成的网页，页面中的图片形成了点，点的形态在页面中是多样的，产生一种节奏和韵律，丰富了画面的表现力。

图 1-9 点的形态在页面中是多样的，丰富了画面的表现力

### 2. 网页设计中线的构成

线具有长度，而无宽度。点的移动轨迹形成了线。线具有闭合成形、分割区域、限定范围、视觉导向的功能。线不仅有长度和方向上的变化，还有粗与细、实与虚、粗糙与光滑等变化，给人带来不同的视觉和心理感受。线有丰富的情感性格。直线：果断、肯定、紧张；曲线：柔和、婉转、流畅、女性象征；折线：焦虑不安、刻板；水平线：安定、稳定；垂直线：果断且可增强紧张感；倾斜线：不稳定、悬念、动感，如图 1-10 所示。

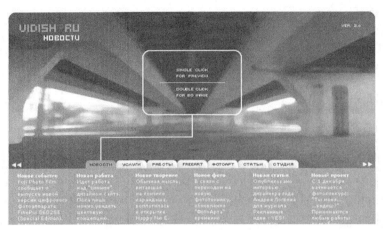

图 1-10　严谨的线条，使页面稳重、富有理性

### 3. 网页设计中面的构成

面是线移动轨迹的结果，有长度和宽度。面的产生：点的形状的扩大；无数点在量上的群集；线的宽度不断地增加和线的平移翻转的轨迹。面具有充实、稳重、整体的特征。面从形态上可分为有机形和几何形。有机形是由类似生命形态的曲线构成的起伏、强韧、富有弹性的曲线，包含着勃勃生机，亲切而温和，如图 1-11 所示。几何形有规则的结构特征，给人严谨、简洁、鲜明的感受，如图 1-12 所示。

图 1-11　有机形的分割，使页面充满活力

图 1-12　几何形的分割，使页面稳重、富有理性

## 1.2.2　构成设计在网页设计中的应用

　　网页的视觉传达设计是指将各要素组合的形式法则及艺术规律。对于网页设计来讲，其信息内容的有效传达是通过将各种构成要素进行设计编排来实现的。它既包括一般构成规律的应用，也具有其自身特点的艺术语言。构成设计在网页设计中的应用主要体现在以下几个方面。

### 1.　版式设计

　　网页的版式设计同传统平面设计的版式有很多类似之处，它在网页的艺术设计中占据着重要的地位。所谓网页的版式设计，是在有限的屏幕空间上将视听多媒体元素进行有机的排列组合，将设计师的理性思维个性化地表现出来，是一种具有个人风格和艺术特色的视听传达方式。它遵循平面构成中的对称与均衡、对比与统一、节奏与韵律等形式美法则，在传达信息的同时，也产生感官上的美感和精神上的享受。但网页的排版与书籍杂志的排版又有很多差异，由于视听元素具有空间和时间上的变化，网页的版式设计并非是静止的，而是具有相当的可变性和运动感，适应这种变化，网页的版式设计规律也必然出现与传统平面设计有所不同的、新特征。将版式设计的普遍规律与网页的特殊性结合起来，是掌握网页版式设计的关键。图 1-13 所示温哥华冬奥会网页设计就将大量的信息组织在精美的网页版式中。

### 2.　导航设计

　　如果说网页的版式设计侧重于单个页面的组织构成，类似于平面设计，那么网页的导航设计的重点则在于多个页面的整合，是一种空间层次的设计，也是一种技术的设计。网页的导航是一种非线性设计，不同空间的网页之间可以通过超链接自由跳转，它既给设计师以网页之间跳转变化的自由，又容易带来信息传达的混乱。因而，网页的导航应遵循一定的法则和规律。通过对网页的空间层次、主从关系、视觉秩序及彼此间的逻辑运用，可使网页浏览者准确、快捷地找到所需的信息。在网页设计中，立体地构建站点导航地图，恰当地组织设计图形、色彩、动画的链接方式，乃至安排好页面之间的风格、造型、色彩的承接变化，都属于导航设计的范畴。而体现于其中各种规律，则属于网页设计的构成要素之一，需要我们加以总结和运用，如图 1-14 和图 1-15 所示。

图 1-13　温哥华冬奥会网页设计

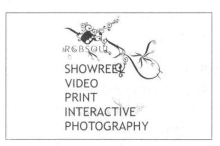

图 1-14　一个有趣的导航设计　　　　　图 1-15　移动鼠标后导航设计的效果

### 3. 文字的编排与设计

文字作为信息传达的主要手段，目前也是网页设计的主体。文字是网页中必不可少的元素，也是网页中的主要信息描述要素，所以，网页中的文字将占据相当大的面积。文字表现得好与坏，将影响到整个网页的质量。网页文字的主要功能是传达各种信息，而要达到这种传达的有效性，必须考虑文字编辑的整体效果，能给人以清晰的视觉印象，避免页面繁杂零乱，删除不必要的装饰变化，使人易认、易懂、易读。不能为造型而编辑，而忘记文字本身是传达内容和表达信息的主题。

网页文字的编排与设计，重要在于要服从信息内容的性质及特点的要求，其风格要与内容特性相吻合，而不是相脱离，更不能相互冲突。如政府网页的文字具有庄重和规范的特质，字体造型规整而有序，简洁而大方；休闲旅游类内容的网页，文字编辑应具有欢快轻盈的风格，字体生动活泼，跳跃明快，有鲜明的节奏感，给人以生机盎然的感受；有关历史文化教育方面的网页，字体编辑可具有一种苍劲古朴的意蕴、端庄典雅的风范或优美清新的格调；公司网页可根据行业性质、企业理念或产品特点，追求某种富于活力的字体编排与设计；个人主页则可结合个人的性格特点及追求，别出心裁，给人一种强烈独特的印象。

在网页文字的编排与设计中，由于计算机给我们提供了大量可供选择的字体，导致字体的变化趋于多样化。这既为网页编辑提供了方便，同时也对编排与设计的选择能力提出了考验。虽然可供选择的字体很多，但在同一网页上，使用几种字体尚需编辑精心考虑。一般来讲，同一页面上使用的字体种类最多为三四种。由于文本字体的显示需要本地硬盘字体文件的支持，所以在互联网上使用过多的字体是没有意义的。文字在视觉传达中作为页面的形象要素之一，除了表意以外，还具有传达感情的功能，因而必须具有视觉上的美感，能给人以美好印象，获得良好的心理反应。

图 1-16 所示 IBM 公司网站使用基本的 Arial 及 Helvetica 字体，以层叠样式表来控制页面文字及布局的统一。

图 1-16　IBM 公司网站

### 4. 图片的编排与设计

图片是文字以外最早引入到网络中的多媒体对象。网络可以图文并茂地向用户提供信息，成倍地加大它所提供的信息量。而且图片的引入也大大美化了网络页面。可以说，要使网页在纯文本基础上变得更有趣味，最简捷、省力的办法就是使用图片。对于一条信息来说，图片对受众的吸引也远远超过单纯的文字。

网络图片的特点：一个特点是图片质量不需很高。因为网络图片一般只显示于计算机的显示器上，受显示器最小分辨率的限制，即使图片的分辨率很高，颜色深度很大，人们的肉眼也经常无法把它和一幅处理过的普通图片区分开来。一般来说，分辨率为 72dpi（dot per inch）是大多数图片的最佳选择；另一个特点是，图片要尽量小。网络页面的图片用于网络的传输，受带宽的限制，其文件尺寸在一定范围内越小越好。文件的长度越小，下载的时间就会越短。

图片的位置、面积、数量、形式和方向等直接关系到网页的视觉传达。在图片的选择和优化的同时，应考虑图片在整体编辑计划中的作用，达到和谐整齐。要达到这样的效果，在页面图片的合理选用时，一要注意统一，二要注意悦目，三要注意突出重点，特别是在处理和相关文字编排在一起的图片时。

如图 1-17 所示，家具用品的图像像素清晰，视觉效果好，通过满构图来营造一种视觉冲击力。

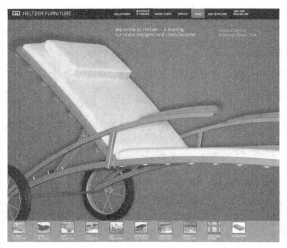

图 1-17　家具用品

# 1.3 习题

### 1. 填空题

（1）传统的四大媒体为＿＿＿＿、＿＿＿＿、＿＿＿＿、＿＿＿＿。

（2）平面构成设计的概念元素包括＿＿＿＿、＿＿＿＿、＿＿＿＿、＿＿＿＿。

### 2. 选择题

网页设计图片的分辨率一般为＿＿＿＿dpi。

  A. 300　　　　　　　　　　　　　B. 100

  C. 72　　　　　　　　　　　　　　D. 150

### 3. 简答题

（1）结合实际网页设计案例，简述平面构成的形式美法则。

（2）平面构成有哪些基本构成形式？在网页设计中有哪些应用？

（3）简述点、线、面在网页设计中的应用。

# 第2章
## 网页的色彩搭配

**本章知识重点:**

1. 色彩构成的原理

2. 网页配色的原理

3. 网页常用配色分析

---

## 2.1 色彩构成的原理

### 2.1.1 色彩的形成

在网页设计中,色彩具有先声夺人的力量。色彩是网页设计中最直接、最有力的表现形式,既可以表现网站风格,树立网站形象,又给人留下深刻的印象。人们不仅发现、观察、创造、欣赏着绚丽缤纷的色彩世界,还通过日久天长的时代变迁不断深化对色彩的认识和运用。"色彩是破碎的光……太阳光与地球相撞破碎分散,因而使整个地球形成美丽的色彩。"由人类最基本的视觉经验得出结论:没有光就没有色。白天使人们能看到五色的物体,但在漆黑无光的夜晚就什么也看不见了。倘若有灯光照明,则光照到哪里,就能看到哪里的物像及其色彩。

真正揭开光色之谜的是英国科学家牛顿。17 世纪后半期,牛顿进行了著名的色散实验。结果出现了意外的奇迹:在对面墙上出现了一条七色组成的光带,而不是一片白光,七色按红、橙、黄、绿、青、蓝、紫的顺序一色紧挨一色地排列着,极像雨过天晴时出现的彩虹。同时,七色光束如果再通过一个三棱镜,还能还原成白光。这条七色光带就是太阳光谱(见图2-1)。

图 2-1　太阳光谱

牛顿之后大量的科学研究成果进一步告诉我们，色彩是以色光为主体的客观存在，对于人，则是一种视像感觉，产生这种感觉基于 3 种因素：一是光；二是物体对光的反射；三是人的视觉器官——眼，即不同波长的可见光投射到物体上，有一部分波长的光被吸收，一部分波长的光被反射出来刺激人的眼睛，经过视神经传递到大脑，形成对物体的色彩信息，即人的色彩感觉。

### 2.1.2  色彩的对比

色彩对比指各色彩之间存在的矛盾、对立和差别。色彩诱人魅力主要在于色彩对比的妙用。色彩对比强烈，视觉刺激力会很强；色彩对比弱，易产生协调的效果；如果没有对比，就会出现混沌、模糊和乏味的效果。因此，色彩对比是网页配色的必要环节与过程。色彩对比通常以色相对比考虑居多（见图 2-2），同时还有色彩的明度对比、纯度对比和面积对比等。在网页配色中，无论是色相对比、明度对比和纯度对比，都是基于色彩面积的对比，也就是色彩的比例问题。因为色彩如果没有相当的面积，就很难感受到其色相。因此，形态作为视觉色彩的载体，总有其一定的面积。面积是色彩不可缺少的特性。

色彩面积对比有以下特点：其一，只有相同面积的色彩，才能比较出实际的差别，互相之间产生抗衡，对比效果相对强烈；其二，如果对比双方的属性不变，一方增大面积处于大面积的优势地位，另一方缩小面积居于从属状态，将会削弱色彩的对比而形成色调的明确倾向，表现出美的和谐感觉；其三，色彩属性不变，随着面积的增大，对视觉的刺激力量加强；反之，则削弱。因此，色彩的大面积对比可造成炫目效果。其次，在色彩面积对比的同时，要考虑色彩位置的关系。其一，对比双方的距离越近，色彩对比效果越强，反之则越弱。 其二，对比双方互相切入、重叠、包围时，对比效果更强。其三，为了引人注目，一般将重点色彩设置在视觉中心部位（见图 2-3）。

图 2-2　色彩对比一

图 2-3　色彩对比二

## 2.2　网页配色的原理

### 2.2.1  色彩的基本知识

在千变万化的色彩世界中，人们视觉感受到的色彩非常丰富，可分为无彩色系和有彩色系两大类。有彩色系包括在可见光谱中的全部色彩，它以红、橙、黄、绿、蓝、紫等为基本色。无彩色系指由黑色、白色及黑白两色相融而成的各种深浅不同的灰色系列。

色彩的三个属性为色相、明度和纯度。

色相即每种色彩的相貌、名称，如红、橘红、翠绿、湖蓝和群青等。色相是区分色彩的主要依据，用色相环表示（见图2-4）。相近色：色环中相邻的3种颜色，如黄绿色、黄色和橘黄色。相近色的搭配给人的视觉效果很舒适，很自然。所以，相近色在网站设计中极为常用。互补色，即色环中相对的两种色彩，如红色和绿色，蓝色和橙色等。

明度即色彩的明暗差别，即深浅差别（见图2-5）。色彩的明度差别包括两个方面：一是指某一色相的深浅变化，如粉红、大红、深红都是红，但一种比一种深。二是指不同色相间存在的明度差别，如标准色中，黄最浅，紫最深，橙和绿、红和蓝处于相近的明度之间。比如，一些购物、儿童类网站，用的是一些鲜亮、具有明度对比的颜色搭配，让人感觉绚丽多姿、生机勃勃。

纯度指色彩的鲜艳程度，即各色彩中包含的单种标准色成分的多少。纯色的色感强，即色度强，所以，纯度亦是色彩感觉强弱的标志。

图 2-4　色相环

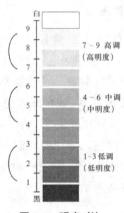

图 2-5　明度对比

### 2.2.2　色彩的心理感觉

心理感觉是视觉对色彩的反应，随内外环境而改变。视觉感受色彩的明度及色相的影响，会产生冷暖、轻重、远近、胀缩和动静等不同感受。色彩心理效应的产生，色彩产生的视觉效应都能影响人们的心理感受，并作用于感情，甚至长时间影响人们的精神世界。就色彩本质而言，色彩本身并没有任何感情色彩，而是在人们生活中积累的普遍经验的作用下，形成人们对色彩的心理感受，因此，人们的色彩心理感受也成为了表达色彩特性的另一种语言。

#### 1.　不同颜色的心理感受

不同的颜色会给浏览者不同的心理感受。红色是一种激奋的色彩，能使人产生冲动、愤怒、热情、活力的感觉（见图2-6）。绿色介于冷暖两种色彩的中间，显得和睦、宁静、健康、安全。它和金黄、淡白搭配，可以产生优雅、舒适的气氛。橙色也是一种激奋的色彩，具有轻快、欢欣、热烈、温馨、时尚的效果。黄色具有快乐、希望、智慧和轻快的个性，它的明度最高。蓝色是最具凉爽、清新、专业的色彩。它和白色混合，能体现柔顺、淡雅、浪漫的气氛。白色具有洁白、明快、纯真、清洁的感受。黑色具有深沉、神秘、寂静、悲哀、压抑的感受。灰色具有中庸、平凡、温和、谦让、中立和高雅的感觉（见图 2-7）。每种色彩在饱和度、透明度上略微变化，就会产生不同的感觉。以绿色为例，黄绿色有青春、旺盛的视觉意境，而蓝绿色则显得幽宁、阴深。

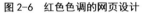

图 2-6  红色色调的网页设计

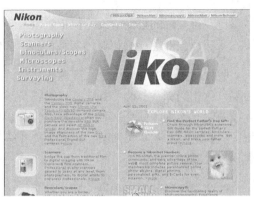

图 2-7  灰色色调的网页设计

### 2. 色彩的冷暖感

冬天看到黄色的光，会有温暖感；夏天看到蓝色的水，会有凉爽感。冷暖感本身属于触感，然而即使不去用手摸，而只是用眼睛看，也会感到暖和冷，这是由于生活经验积累而产生的。色彩的冷暖感被称为色性，而冷暖感主要取决于色调。暖色，如黄色、橙色、红色、紫色等都属于暖色系列。暖色跟黑色调和可以达到很好的效果。暖色一般应用于购物类网站、电子商务网站、儿童类网站等，用以体现商品的琳琅满目，儿童类网站的活泼、温馨等效果，如图 2-8 所示。冷色，如绿色、蓝色、蓝紫色等都属于冷色系列。冷色一般跟白色调和，可以达到一种很好的效果。冷色一般应用于一些高科技，如游戏类网站，主要表达严肃、稳重等效果，如图 2-9 所示。

图 2-8  暖色搭配

图 2-9  冷色搭配

### 3. 色彩的软硬感

软硬感与冷暖感类似。色彩的软硬感与明度有关系，明度低的色彩给人以坚硬、冷漠的感觉。相反，明度高的色彩给人以柔软、亲切的感觉。软色调给人以明快、柔和、亲切的感觉，被称为女性和儿童色彩，如淡黄色、粉红色、淡绿色等。明度越高，感觉越软；明度越低，感觉越硬，但黑白两色的软硬感并不是很明确。色彩的软硬感还与纯度有关，高纯度和低明度的色彩都有坚硬的感觉。明度高、纯度低的色彩有柔软感。在女性用品网站中，软色调使用得较多，如粉色、白色、黄色等，体现女性柔美的一面。

**4. 色彩的轻重感**

色彩的轻重在不同的领域方面起着不同的作用。例如，工业、钢铁等重工业领域可以用重一点的色彩；纺织、文化等科学教育领域可以用轻一点的色彩。感觉轻的色彩称为轻感色，如白、浅绿、浅蓝、浅黄色等；感觉重的色彩称为重感色，如藏蓝、黑、棕黑、深红、土黄色等。明度高的色彩感觉轻，富有动感；明度低的色彩感觉重，具有稳重感。明度相同时，纯度高的比纯度低的感觉轻。以色相分，轻重次序排列为白、黄、橙、红、灰、绿、蓝、紫、黑。白色最轻，黑色最重。在网页设计中，应注意色彩轻重感的心理效应，如网站上灰下艳、上白下黑、上素下艳，就有一种稳重沉静之感；相反上黑下白、上艳下素，则会使人轻盈、失重、不安的感觉。

**5. 色彩的动静感**

动静感的出现是人们在生活中、喧闹和安静的气氛下产生出的心理感受。色彩的动静感是人的情绪在视觉上的反映。红、橙、黄色给人以兴奋感，青、蓝色给人以沉静感，而绿和紫属中性，介乎两种感觉之间。白和黑及纯度高的色给人以紧张感。动静感也来源于人们的联想，它与色彩对心理产生作用有密切关系。如摩托车网页设计（见图 2-10）用红色与蓝色产生强烈的对比，加上黑色与白色的搭配，给人一种速度的快感，其中，文字的黑、白、灰层次的设计，增强了页面的动感。

图 2-10 摩托车网页设计

## 2.2.3 网页设计中色彩的基本原则

网页设计要求页面新颖、整洁，文字优美流畅，浏览者在浏览网页时，留下的第一印象就是页面的色彩设计。色彩可以产生强烈的视觉效果，使页面更加生动，它的好坏直接影响浏览者的观赏兴趣。因此，网页的色彩设计应把握以下几个方面。

色彩的个性鲜明性。网页的色彩设计要具有自己独特的风格，彰显鲜明的个性，容易引人注目，使大家对你的网站印象深刻。

色彩的合理性。网页设计的色彩搭配要遵从艺术设计的规律，同时，还要考虑人的生理特点。合理的色彩搭配给人一种和谐、愉快的感觉，避免采用大面积纯度较高的单一色彩，这样容易造成视觉疲劳。

色彩的联想性。不同色彩会产生不同的联想，蓝色想到天空，黑色想到黑夜，红色想到喜事等，选择色彩要和网页的内涵相关联。也就是说，色彩要和表达的内容气氛相适合，如用粉色体现女性站点的柔性。

色彩的艺术风格性。网页设计是一种艺术活动，要在考虑网站本身特点的同时，按照内容决定形式的原则，大胆进行艺术创新，设计出既符合网站要求，又有一定艺术特色的网站，如图 2-11 所示。

图 2-11　黑色与彩色的个性搭配

### 2.2.4　色彩均衡

网页设计要让人看上去舒适、协调，除了文字、图片等内容的合理排版，色彩的均衡也是相当重要的一个部分。一般网站不可能单一地运用一种颜色，所以，色彩均衡问题是设计者必须考虑的问题。

对称是一种绝对的平衡。色彩对称和图案的对称形式一样，有左右对称、回旋对称、放射对称等。中规中矩的色彩对称作品给人以庄重、大方、稳重、严肃、安定、平静等感觉，但运用不当，也易产生平淡、呆板、单调、缺少活力等不良印象。

均衡是设计中最常用的一种构成形式，是色彩配色常用的手法与方案。从表面上看，均衡打破了对称的平衡形式，但由于力学上支点左右显示异形同量、等量不等形的状态及色彩的强弱、轻重等性质差异关系，视觉上表现出相对稳定的心理感受，同时克服了对称形式单板、单调的不足，表现出具有时代感的活泼、丰富、多变、自由、生动和有趣等特点。色彩的均衡，包括色彩的位置，每种色彩所占的比例、面积等。比如鲜艳明亮的色彩面积应小一点，让人感觉舒适、不刺眼，这就是一种均衡的色彩搭配，如图 2-12 所示。

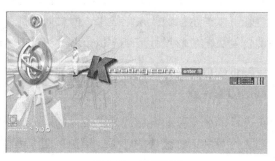

图 2-12　色彩均衡

网页常用配色分析

### 2.3.1 常用的网页色彩模式

#### 1. RGB 模式

RGB 模式是所有基于光学原理的设备所采用的色彩方式，R 代表红色，G 代表绿色，B 代表蓝色，是通过对红(R)、绿(G)、蓝(B)3 个颜色通道的变化以及它们相互之间的叠加来得到各式各样的颜色的。RGB 模式是一种加色模式。RGB 图像虽然只使用 3 个颜色通道，但每个通道有 8 位的色彩信息（0~255 的亮度值），可描述的色彩数目为 $256^3$=1678 万种颜色。由于网页（WEB）是基于计算机浏览器开发的媒体，所以颜色以光学颜色 RGB（红、绿、蓝）为主。RGB 模式是网页设计使用比较广泛的色彩模式。

#### 2. CMYK 模式

CMYK 模式与 RGB 模式相反，该模式是一种减色模式。CMYK 代表印刷上用的四种颜色，C 代表青色，M 代表洋红色，Y 代表黄色，K 代表黑色。理论上，青色(C)、洋红色(M)和黄色(Y)色素能够合成吸收所有颜色并产生黑色。但在实际引用中，青色、洋红色和黄色很难叠加形成真正的黑色，由于这个原因，这些颜色叫做减色。因为所有打印油墨都会包含一些杂质，这三种油墨实际上产生一种土灰色，必须与黑色(K)油墨混合，才能产生真正的黑色。因此引入了 K（黑色）。黑色的作用可以强化暗调，加深暗部色彩。将这些油墨混合起来产生的颜色叫做四色印刷，CMYK 模式是最佳的打印模式。

#### 3. Lab 模式

Lab 颜色模型是在 1931 年国际照明委员会(CIE)制定的颜色度量国际标准的基础上建立的。1976 年，这种模型被重新修订并命名为 CIE L、a 和 b。Lab 模式由 3 个信道组成，L 信道表示亮度，控制图片的亮度和对比度，a 通道包括的颜色从深绿(低亮度值)到灰色(中亮度值)到亮粉红色(高亮度值)，b 通道包括的颜色从亮蓝色(低亮度值)到灰色到焦黄色(高亮度值)。Lab 颜色模式是 Photoshop 内部的颜色模式。由于该模式是目前所有模式中色彩范围（称为色域）最广的颜色模式，它能毫无偏差地在不同系统和平台之间进行交换，因此，该模式是 Photoshop 在不同颜色模式之间转换时使用的中间颜色模式。

#### 4. HSB 模式

这是一种从视觉的角度定义的颜色模式。在 HSB 模式中，H 表示色相，S 表示饱和度，B 表示亮度。基于人类对色彩的感觉，HSB 模型描述颜色的 3 个特征。色相，是纯色，即组成可见光谱的单色；饱和度，表示色相中彩色成分所占的比例，即色彩的纯度；亮度，是色彩的明亮程度。

### 5. 灰度模式

Grayscale 最多使用 256 级灰度。灰度图像的每个像素有一个 0(黑色)到 255(白色)之间的亮度值，亮度是唯一能够影响灰度图像的选项。灰度模式的图像色彩饱和度为 0，当一个彩色文件被转换为灰度文件时，所有的颜色信息都将从文件中去掉。尽管 Photoshop 允许将一个灰度文件转换为彩色模式文件，但不可能将原来的色彩丝毫不变地恢复回来。

### 6. Indexed 模式

Indexed 模式只能存储一个 8bit 色彩深度的文件，即最多 256 种颜色，当其他模式转换为索引颜色模式时，Photoshop 就会构建一个颜色查找表 CLUT，用来存放并索引图像中的颜色。这种模式可极大地减小图像文件的存储空间（大概只有 RGB 模式的三分之一），同时，这种颜色模式在显示上与真彩色模式基本相同，是网页和动画中常用的图像模式。

## 2.3.2 网页色彩搭配的技巧

网页设计中的色彩运用诠释在整体风格的统一性。作为展示给浏览者的页面，色彩是呈现的第一视觉冲击力，色彩的搭配、区域分布、提示性功能等，都可以通过色彩来进行视觉上的空间划分。此类设计色彩同样也要根据适用的人群和整体风格来进行展示。

网页色彩搭配应根据网站的内容、风格以及 CIS 应用要素规范要求，为网站整体指定一套色彩组合，用于网站的视觉传达设计，以体现网站的整体形象或特点，强化刺激及增强对网站的识别。首先，基于网站的形象选择标准色，其次根据标准色，确定辅助色。可口可乐公司网站(见图 2-13)，以 VI 标准色为主要色彩，调整其明度和纯度作为辅助色。网页色彩可采用同种色彩。这里是指先选定某种色彩，然后调整透明度或者饱和度，产生新的色彩，用于网页。这样的页面看起来色彩统一，有层次感。其次，采用对比色彩（见图 2-14）。先选定一种色彩，然后选择它的对比色，如用蓝色和黄色，整个页面色彩丰富但不凌乱。或者，采用一个色系（见图 2-15）。简单地说，就是用一个感觉的色彩，如淡蓝、淡黄、淡绿或者土黄、土灰、土蓝。在网页配色中还要注意：不要用到所有颜色，尽量控制在 3 种色彩以内。背景和前文的对比尽量要大，不要用花纹繁杂的图案作背景，以便突出主要文字内容。

图 2-13　同种色彩搭配

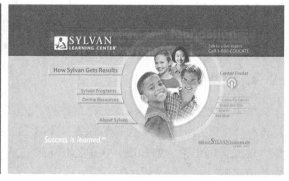

图 2-14　两种对比色彩

图 2-15 一个色系搭配

页面各要素的色彩搭配包括如下几方面。

## 1. 背景与文字

如果一个网站用了背景颜色，必须要考虑到背景颜色的用色与前景文字的搭配等问题。一般网站侧重的是文字，所以背景可以选择纯度或者明度较低的色彩，文字用较为突出的亮色，让人一目了然。当然，有些网站为了让浏览者对网站留有深刻的印象，他在背景上作文章。比如，一个空白页的某一个部分用了很亮的一个大色块，是不是让你豁然开朗呢！此时它为了吸引浏览者的视线，突出的是背景，所以文字就要显得暗一些，这样文字才能跟背景分离开来，便于浏览者阅读文字，如图 2-16 所示。

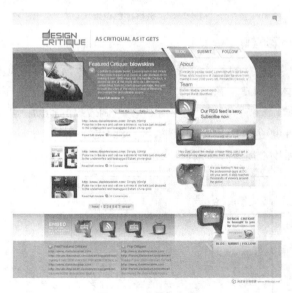

图 2-16 背景与文字

## 2. LOGO 和 BANNER

LOGO 和 BANNER 是宣传网站最重要的部分之一，所以这两个部分一定要在页面上脱颖而出。怎样做到这一点呢？将 LOGO 和 BANNER 做得鲜亮一些，也就是色彩与网页的主题色分离开。有时为了更突出，也可以使用与主题色相反的颜色。

### 3．导航、小标题

导航、小标题是网站的指路灯。浏览者要在网页间跳转，要了解网站的结构，网站的内容，都必须通过导航或者页面中的一些小标题。所以，可以使用稍微具有跳跃性的色彩吸引浏览者的视线，让他们感觉网站清晰、明了、层次分明。

### 4．链接颜色设置

一个网站不可能只是单一的一页，所以文字与图片的链接是网站中不可缺少的一部分。这里特别指出文字的链接，因为链接区别于文字，所以链接的颜色不能跟文字的颜色一样。现代人的生活节奏相当快，不可能浪费太多的时间去寻找网站链接。设置了独特的链接颜色，可调动浏览者的好奇心而单击它，如图 2-17 所示。

图 2-17　链接颜色设置

## 2.3.3　3 种以上的色彩搭配

网页设计面对 3 种以上的色彩搭配时，如图 2-18 所示，首先应该确定主色调，也就是页面色彩，有利于体现网站主题。其次是确定辅色调，也就是仅次于主色调的视觉面积的辅助色，是烘托主色调、支持主色调、起到融合主色调效果的辅助色调。再处理局部点睛色，在小范围内点上强烈的颜色来突出主题效果，使页面更加鲜明、生动。页面设计时还应考虑背景色，即衬托环抱整体的色调，协调、支配整体的作用。

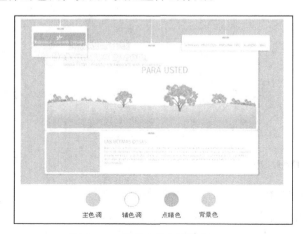

图 2-18　3 种以上的色彩搭配

# 2.4 习题

**1. 填空题**

（1）色彩形成的三要素包括_____、_____、_____。

（2）色彩的 3 个属性包括_____、_____、_____。

**2. 选择题**

网页设计的图片格式一般采用_____。

    A．CMYK             B．RGB

    C．LAB              D．灰度

**3. 简答题**

（1）在网页设计中，应如何考虑色彩对比的因素？

（2）色彩的心理在网页设计中有哪些应用？并举例说明。

（3）简述网页设计的色彩搭配技巧。

参考资料：网页设计与配色实例分析。

# 第3章
## 网页编排设计

**本章知识重点：**

1. 文字的设计要点

2. 网页文字的设计方法

3. 网页布局的基础结构

## 3.1 字体编排与编排的基本形式

### 3.1.1 网页文字的形式概述

文字是人类思想感情交流的必然产物。随着人类文明的进步，文字由简单变得复杂，逐步形成了科学的规范化的程式。它既具有人类思想感情的抽象意义与韵调和音响节律，又具有结构完整而变化无穷的鲜明形象，尤其是象形文字，更是抽象与具象的紧密结合。

网页文字的形式概述在网页设计中，字体的处理与色彩、版式、图形等其他设计元素的处理一样非常关键。从艺术的角度可以将字体本身看成是一种艺术形式，它在个性和情感方面对人们有着很大影响。

### 3.1.2 文字的设计要点

#### 1. 正确

对于不同汉字或拉丁字母的构成，笔画都是法定的，只要有一处笔画不符，轻则字义不同，重则不成其字。因此，字形要确切无误，不能任意减少或者改变笔画，以保证其信息传达的准确性。

#### 2. 字体不宜过多

如写汉字，不宜三笔隶书，二笔仿宋；写拉丁字母也不宜把楷、小楷等组合在一起；印刷体与手写体不能在一字中混合运用。另外，在字体的运用中，不要在一个网页或者站点上使用超过 3 种字体，如图 3-1 所示。

图 3-1　网页文字最好不超过 3 种字体

**3. 字体和内容相符**

每种字体都有它的表情，如黑体有醒目严肃之感，楷体有端庄刚直的表情，仿宋有清秀自由的意境。因此，选择某种字体问题为设计美术字之基调时，应该按文字内容的精神而定。只有这样，才能表里如一，发挥出文字最大的感染力。至于变形文字，可不拘一格。笔画的长短、肥瘦、曲直也可自由规范，只要根据文字固有结构变化即可，甚至还可进一步按透视法、立体投影、空心变化等手法加强其装饰意义。

**4. 字体匀称、结构严谨**

字与字之间看起来要大小相称；字的笔画有繁有简，要合理安排。字的结构要做到多样统一，均匀稳定，疏密有致，变化有序。

## 3.1.3　文字字体与版式设计

**1. 文字的大小**

（1）文字的大小决定形象

放大标题会给人有力量、活跃、自信的印象；缩小字体则表现出纤细和缜密的印象。另外，文字大小的对比也会左右印象。标题文字的大小与正文之比叫做跳动率。跳动率越大，画面越活跃；反之，画面越稳重。

字号大小可以用不同的方式来计算，如磅(point)或像素(pixel)。因为网页文字是通过显示器显示的，所以建议采用像素为单位。较大的字体可用于标题或其他需要强调的地方，小一些的字体可用于页脚和辅助信息。需要注意的是，小字号容易产生整体感和精致感，但可读性较差。

（2）粗细印象优先

将标题的文字变大，粗细效果会加倍。例如，大而粗的文字最有精神，大而细的文字都市性印象最强。另一方面，将文字变小，粗细效果会减弱。虽然细而小的文字有优美的感觉，但如果使用细而大的文字，效果会更加明显。总之，文字越大，越能强化粗细的印象，如图3-2 所示。

图 3-2　注意文字大小（手机之家首页）

## 2．字体的粗细

网页设计者可以用字体更充分地体现设计中要表达的情感。字体选择是一种感性、直观的行为。粗体字强壮有力，有男性特点，适合机械、建筑业等行业的内容；细体字高雅、细致，有女性特点，更适合服装、化妆品、食品等行业的内容。在同一页面中，字体种类少，界面雅致，有稳定感；字体种类多，则界面活跃，丰富多彩。关键是如何根据页面内容来掌握这个比例关系。

（1）字体的粗细特征

字体细显优美，粗显有力。将标题文字变细，就会显得十分优美。宋体也好、黑体也罢，哪种字体变细都会产生优美的意味。将文字变粗，效果增强，粗字传递了强而有力的印象，如图 3-3 所示。

图 3-3　注意文字字体设计

（2）细字不适合做新闻标题

字体网页新闻的大标题要用粗字来表示，如果用细字，看起来就像无聊的、没有什么价值的新闻。由于粗字热情，细字冷静，因此，热门的新闻与细字不相称。粗字给人有精神、有力量的印象，最适合于强调戏剧性信息与富有活力感的网页。

（3）正文不要应用粗细变化

粗细效果对于正文中的小字是一样的。但是，如果极端运用粗细变化，就会造成可读性的降低。调整字体粗细要把握好度。特别应注意的是，主页的设计未必能够同制作者所指定的设计完全相同，考虑到这个差距的存在性，还是使用标准式样比较稳妥。

### 3. 字距与行距

字距与行距的处理能直接体现设计作品的风格与品味，也能够影响读者的视觉和心理感受。现代网页设计较流行采用把标题文字字距拉开或变窄的排列方式，来体现轻松、舒展、娱乐或抒情的版面，也常通过压扁文字或加宽行距来体现。此外，运用字距与行距的宽窄同时综合变化，这样能够令作品版式增加空间层次和弹性。字距与行距的变化不是绝对的，关键是要根据设计的主题内容和设计情况进行灵活处理。

字距与行距的把握来源于设计师对版面的心理干预，也是设计师设计品味的直接体现。一般行距常规的比例应为：若用字 8 点，行距则为 10 点，即 8:10。但对于一些特殊的版面来说，字距与行距的加宽或锁紧，更能体现主题的内涵，现代国际上流行采用将文字分开排列的方式，这会使人感觉清新、现代感强。因此，字距与行距不是绝对的，应根据实际情况而定，如图 3-4 所示。

图 3-4　注意文字字距与行距（TOYOTA 网站）

### 4. 特殊字体

网页设计者必须考虑到大多数浏览者的机器里只装有 3 种字体类型及一些相应的特定字体。而我们指定的其他字体在浏览者的机器里并不一定能够找到，这给网页设计带来很大的局限。

（1）特殊字体的应用

一些网站设计者喜欢使用特殊的字体。虽然可以在网页中使用特殊的字体，但是如果浏览者计算机上没有安装相应的字体，则显示效果无法预料，显示的网页可能非常糟糕。为了避免你所选择的字体在访问者的计算机上不能显示，有两种解决问题的办法：层叠样式表（CSS）有助于解决这些问题；通常的方法是在的确有必要使用特殊字体的地方，将文字设计成图像，然后插入页面中。

（2）文字图形化

字体在一定的条件下，确实不能用计算机中提供的字体，必须要自己创造。这也是汉字魅力所在的地方。所谓"文字图形化"，是为了实现文字的字体效果，将文字笔画做合理的变形搭配，使之产生类似有机或无机图形的趣味，强调字体本身的结构美和笔画美，把记号性的文字作为图形元素来表现，同时又强化了原有的功能，如图 3-5 所示。

图 3-5　在网站中添加特殊字体（万科网站）

### 5. 文字的编排方式

网页里的正文部分是由许多单个文字经过编排组成的群体，我们要充分发挥这个群体形状在界面整体布局中的作用。

（1）两端对齐

文字编排可以横排、也可竖排，只要左右或上下的长度对齐，这样的字群组合就显得整齐、端正、严谨、大方、美观。但要避免平淡，可选取不同形式的字体穿插使用，这种方式容易与图片混排，如图 3-6 所示。

图 3-6　文字排列两端对齐（东芝中国网站）

（2）一端对齐

一端对齐能产生视觉节奏与韵律的形式美感。通过左对齐或右对齐的方式，使行首或行尾自然形成一条清晰的垂直线。另一端任其长短不同，能产生虚实变化，又富有节奏感。左对齐符合人们的阅读习惯，有亲切感。右对齐可改变人们的阅读习惯，会显得有新意，有一定的格调，如图 3-7 所示。

图 3-7　文字排列一端对齐

（3）文字绕图编排

文字围绕图形边缘排列，这样穿插形式的应用非常广泛，能给人以亲切、自然、生动和融洽的感觉。在公司简介的网页中，将文字绕图排列，极具亲和力，如图 3-8 所示。

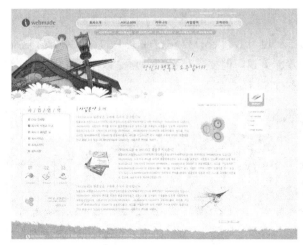

图 3-8　文字绕图编排

（4）自由编排

在综合甚至打破上述几种方式的基础上，使版式更加活泼、更加新颖，具有较强烈的动感，但要注意保持版面的完整性，还要注重有一定的编排规律。倾斜的文字适合版面活泼动感的特点，突出视觉焦点，如图 3-9 所示。

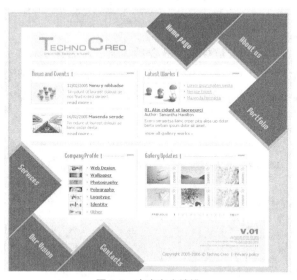

图 3-9　文字自由编排

（5）标题与正文的编排

标题的字体、位置、大小、排列方向能够直接影响编排版式的艺术风格。标题完全可以打破一般视觉的常规导向，可横排、竖排、居中或边置等排列。标题虽是整段或整篇文章的标题，但不一定千篇一律地置于段首之上，可作居中、横向、竖向或边置等编排处理，甚至可以直接插入字群中，以新颖的界面来打破旧有的规律。

一般情况下，正文不做分栏处理，因为分栏将使浏览者面临反复拖动滚动条的麻烦。如果想打破一栏的单调，可采用图文混排的形式，如图 3-10 所示。

图 3-10　标题与正文的巧妙编排

### 6. 文字的强调

运用对比的法则，将强调的文字作适当的处理，使被强调的文字在字体、规格、颜色、方位等方面与正文相区别而产生变化，以满足实现文字的语义功能和美学效应。但是，应该注意尽可能少地运用强调，如果什么都想强调，其实是什么也没有强调。况且，在一个页面上运用过多的特殊设置，会影响浏览者阅读页面内容，除非有特殊的设计目的。

（1）强调字首

有意识地将正文的第一个字或字母放大或配上不同颜色并作装饰性处理，可形成注目焦点。由于它有吸引视线、装饰和活跃界面的作用，所以被应用于网页的文字编排中。至于放大多少，则依据所处网页的环境而定。这种形式的编排显得很时尚，如图 3-11 所示。

图 3-11　强调字首

（2）引文的强调

引文概括一个段落、一个章节或全文大意，因此在编排上应给予特殊的平面位置和空间来强调。引文的编排方式多种多样，如将引文嵌入正文的左右侧、上方、下方或中心位置等，并且可以在字体或字号上与正文相区别而产生变化。

（3）关键词的强调

如果将个别关键词作为页面的要点，则可以通过加粗、加框、加下画线、加指示性符号和倾斜字体等手段有意识地强化文字的视觉效果，使其在网页整体中显得出众而夺目，如图3-12所示。

图 3-12　关键词的强调（融汇畅通网站）

（4）链接文字的强调

在网页设计中，通常为文字链接、已访问链接和当前活动链接选用各种颜色和样式（如加粗、倾斜、下画线等）。例如，如果使用 Dreamweaver 编辑器，默认的设置是正常字体颜色为黑色，链接颜色为蓝色，鼠标单击之后又变为紫红色。使用不同颜色的文字，可以使想要强调的部分更加引人注目。如果要改变链接文字颜色，不要使用和背景相似的色相、饱和度和相似的亮度的颜色，如图3-13所示。

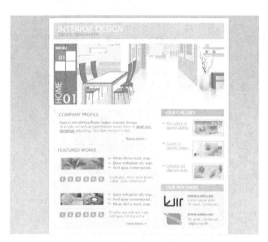

图 3-13　链接文字的强调

（5）线框、符号的强调

用符号、线框或导向线有意加强文字元素的视觉效果，具有特别突出"宾与主"的对比关系。

# 3.2 网页设计中的排版布局

## 3.2.1 网页文字的设计方法

### 1. 对比

主要通过笔画大小、笔画的形态、笔画色彩等的强烈对比，使各自的特征更加鲜明，如图 3-14 所示。

图 3-14 文字的对比（联想网站）

### 2. 笔画互用

笔画互用主要通过相关、相似、相近的笔画间的互相借用来组成文字间的关系，如图 3-15 所示。

图 3-15 文字的笔画互用（雀巢网站）

### 3. 笔画突变

笔画突变是指在局部的某个或者某些笔画上采用不同于正常笔画的形态造型，突出文字内涵和特征，如图 3-16 所示。

图 3-16  文字的笔画突变（可口可乐网站）

### 4. 添加形象

添加形象主要是通过在汉字局部笔画上添加与汉字表义相关的图像或图形来增加汉字的表意功能。将某个笔画换成有意义或有趣的图形，会使整个视觉活跃起来。

### 5. 笔画连接

笔画连接是通过一组文字笔画上的连贯来表达文字间的关系，增强一组文字的视觉感染力，如图 3-17 所示。

图 3-17  文字的笔画连接（TOYOTA 网站）

### 6. 让点变化

将一些文字或字母的点进行变化，如字母 i 的变化，如图 3-18 所示。

图 3-18　文字的让点变化（新浪网站）

### 7. 添加圆框或方框

将文字放在圆框或方框中，也是一种比较简单的设计字体方法，如图 3-19 所示。

图 3-19　添加圆框或方框

## 3.2.2　网页按钮的设计方法

打开网页后，要想促使浏览者继续浏览，除了主页上的内容外，按钮的设计起着至关重要的作用。好的按钮设计一定会是醒目且能"吸引"用户眼球的。以下是好的按钮设计不可少的 5 个特征。

### 1. 颜色

与平静的页面相比，好的按钮的设计颜色一定要与众不同，要更亮而且有高对比度。

### 2. 位置

按钮应当放在用户期望更容易找到它们的地方，如产品旁边、页头、导航的顶部右侧……这些都是醒目的地方。

### 3. 文字表达

在按钮上使用什么文字表达给用户是非常重要的。文字应当简短并切中要点，并以动词开始，如注册、下载、创建和尝试等，如图 3-20 所示。

集团要闻　项目新闻

图 3-20　醒目的按钮

### 4. 尺寸问题

如果按钮是你最重要的设计，并且你希望更多的用户单击它，那么可以让它更醒目些。可以把这个按钮设计得比其他按钮更大些，并让用户在更多的地方找到并单击它。

### 5. 可"呼吸"的空间

按钮不能和网页中的其他元素挤在一起，它需要充足的外边距，才能更加突出，也需要更多的内边距，才能更容易阅读按钮中的文字。

## 3.2.3　网页版式设计的发展趋势

网络技术日新月异的发展给网页设计带来了新的表现天地。在网络世界里，技术失重起着先导作用，设计则随着它的发展而发展，技术更新对网页版式设计的影响无疑是巨大的。

### 1. 技术的更新将使网页版式设计不断增加新的设计元素

表格布局将被 CSS 布局取代。表格布局是现在网页排版中普遍使用的方式，但是这种被广大设计者推崇的方法有些缺点。首先，用表格排版代码比较冗长，会增加页面的下载时间；其次，内容结构容易因使用表格而混乱，完整的内容会被表格分解，使阅读性能降低，不利于搜索引擎分析；另外，改版比较麻烦，要修改布局几乎必须改动全部代码，不利用网站更新。

新型浏览器的出现将使网页设计更趋于简约。浏览器发明的初期，网页还无法独立显示图像、声音和影像等要素，必须启动其他辅助软件才能实现，但技术的进步使网页中逐渐加入了这些新的内容。今后网页设计的范围更加广泛，网页版式所设计的元素将更复杂。

### 2. 设计方式将遵循新的要求

网页像书籍一样有文字、图片，像电视一样有动态影画、声音，几乎融合了所有媒体的特效。预计在今后，网络不仅会作为一个独立的媒体而成长，而且会成为联系各大媒体的重要工具，处处显示出极强的生命力。

网页设计更注重色彩搭配。色彩是人的视觉最敏感的，因为显示器的 RGB 色彩比印刷品的 CMYK 色彩丰富，从而使网页色彩具有非常宽阔的表现空间。色彩处理得好，不仅会锦上添花，甚至可以达到事半功倍的效果。

巧妙运用 Flash。由于网络宽带的不断增加，Flash 在网页设计中的运用越来越广泛，由此可见，技术的进步对网页版式改良的作用是巨大的。但使用较多的 Flash 版面，所造成页面容量的急剧增加还是会影响网页的传输速度的。为了解决一些问题，可以采用精美的图片或者是手绘风格的矢量插图替代 Flash，其容量相对较小，能很好地服务主题，或者可以运用只是局部在动的不完全变化的 Flash，这样不仅会使文字和背景配合得巧妙精致，也会使网页的容量缩小。

## 3.3　网页布局的基本结构

### 1．左右对称结构布局

左右对称结构是网页布局中最简单的一种。"左右对称"指的只是在视觉上的相对对称，而非几何意义上的对称，这种结构将网页分割为左右两部分。一般使用这种结构的网站均把导航区设置在左半部，而右半部作为主体内容的区域。左右对称性结构便于浏览者直观地读取主体内容，但是却不利于发布大量的信息，所以这种结构对于内容较多的大型网站来说并不合适，如图 3-21 所示。

图 3-21　左右对称结构布局

### 2．"同"字型结构布局

"同"字型结构名副其实，采用这种结构的网页，往往将导航区置于页面顶端，如广告条、友情链接、搜索引擎、注册按钮、登录面板、栏目条等内容均置于页面两侧，中间为主体内容，这种结构比左右对称结构要复杂一点，不但有条理，而且直观，有视觉上的平衡感，但是这种结构也比较僵化。使用这种结构时，高超的用色技巧会规避"同"字型结构的缺陷，如图 3-22 所示。

图 3-22 "同"字型结构布局（中国航油网站）

### 3. "回"字型结构布局

"回"字型结构实际上是"同"字型结构的一种变形，即在"同"字型结构的下面增加了一个横向通栏，这种变形将"同"字型结构不是很重视的页脚利用起来，增大了主体内容，合理地使用了页面有限的面积，但是这样往往使页面充斥着各种内容，拥挤不堪，如图 3-23 所示。

图 3-23 "回"字型结构布局（中国平安网站）

**4."匡"字型结构布局**

和"回"字型结构一样,"匡"字型结构其实也是"同"字型结构的一种变形,也可以认为是将"回"字型结构的右侧栏目条去掉得出的新结构,这种结构是"同"字型结构和"回"字型结构的一种折中,这种结构承载的信息量与"同"字型相同,而且改善了"回"字型的封闭型结构。

**5. 自由式结构布局**

以上3种结构是传统意义上的结构布局。自由式结构布局相对而言就没有那么"安分守己"了,这种结构的随意性特别大,颠覆了从前以图文为主的表现形式,将图像、Flash 动画或者视频作为主体内容,其他的文字说明及栏目条均被分布到不显眼的位置,起装饰作用,这种结构在时尚类网站中使用得非常多,尤其是在时装、化妆用品的网站中。这种结构富于美感,可以吸引大量的浏览者欣赏,但是却因为文字过少,而难以让浏览者长时间驻足。另外,起指引作用的导航条不明显,不便于操作,如图 3-24 所示。

图 3-24　自由式结构布局(中国五矿集团公司网站)

**6."另类"结构布局**

如果说自由式结构是现代主义的结构布局,那么"另类"结构布局就可以被称为后现代的代表了。在"另类"结构布局中,传统意义上的所有网页元素全部被颠覆,被打散后融入到一个模拟的场景中。在这个场景中,网页元素化身为某一种实物,采用这种结构布局的网站多用于设计类网站,以显示站长的前卫的设计理念,这种结构要求设计者要有非常丰富的想象力和非常强的图像处理技巧,因为这种结构稍有不慎,就会因为页面内容太多而拖慢速度,如图 3-25 所示。

图 3-25 "另类"结构布局

# 3.4 网页中的图像

### 1. 网页图像的常用格式

GIF：支持 256 色，可以做成逐帧动画，可以设置透明背景，一般用于网页中的小图标。

JPG：支持百万级真彩，一般用于网页中的照片。

PNG：有 GIF、JPG 的所有优点，是网页图片发展的方向，但图片文件稍大。

DW：只支持以上 3 种格式的图片，其他如 BMP 格式也可以在 IE 浏览器中被显示，但在 DW 中无法显示。由于 BMP 文件的体积很大，所以在网页中一般不推荐。

图像有分辨率这个技术指标，由于网页图片一般用于在屏幕上显示，而显示屏的分辨率为每英寸 72 像素，所以放到网页中的图片的分辨率不用很高。如果用数码相机拍照片，选用像素 640×480 像素的分辨率即可，千万不用把高分辨率的数码照片直接做到网页中，那会影响打开网页的速度，而且浪费存储空间。网页中加入的图片一般会经过 Photoshop 的处理。

### 2. 页面尺寸

由于页面尺寸和显示器大小及分辨率有关系，所以网页的局限性就在于无法突破显示器的范围，而且因为浏览器也将占去不少空间，留下的页面范围变得越来越小。一般地，分辨率在 800×600 像素的情况下，页面的显示尺寸为：780×428 像素；分辨率在 640×480 像素的情况下，页面的显示尺寸为 620×311 像素；分辨率在 1024×768 像素的情况下，页面的

显示尺寸为 $1007 \times 600$ 像素。从以上数据可以看出，分辨率越高，页面尺寸越大。

浏览器的工具栏也是影响页面尺寸的原因。目前的浏览器的工具栏都可以取消或者增加，那么当显示全部工具栏时，和关闭全部工具栏时，页面的尺寸是不一样的。

在网页设计过程中，向下拖动页面是唯一给网页增加更多内容(尺寸)的方法。但是，除非你能肯定站点的内容能吸引大家拖动，否则不要让访问者拖动页面超过三屏。如果需要在同一页面显示超过三屏的内容，最好能在上面做页面内部连接，以方便访问者浏览。

### 3. 页头

页头又可称为页眉。页眉的作用是定义页面的主题。比如，一个站点的名字多数都显示在页眉里。这样，访问者能很快知道这个站点是什么内容。页头是整个页面设计的关键，它将牵涉到后面更多的设计和整个页面的协调性。页头常放置站点名字的图片和公司标志以及旗帜广告。

### 4. 文本

文本在页面中都以行或者块(段落)出现，它们的摆放位置决定着整个页面布局的可视性。在过去因为页面制作技术的局限，文本放置的位置的灵活性非常小，而随着 DHTML 的兴起，文本已经可以按照自己的要求放置到页面的任何位置。

### 5. 多媒体

除了文本和图片，还有声音、动画、视频等其他媒体。虽然它们不是经常被利用到，但随着动态网页的兴起，它们在网页布局上也将变得更重要。

### 6. 页脚

页脚和页头呼应。页头是放置站点主题的地方，而页脚是放置制作者或者公司信息的地方。通常，许多制作信息都放置在页脚。

### 7. 图片

图片和文本是网页的两大构成元素，缺一不可。如何处理好图片和文本的位置，成了整个页面布局的关键，而你的布局思维也将体现在这里。

---

# 3.5 习题

### 1. 填空题

（1）文字的设计要点包括_____、_____、_____、_____。

（2）文字的编排方式包括_____、_____、_____、_____、_____。

## 2. 选择题

文字的编排方式中没有_____。

A. 两端对齐　　　　　　　　　　B. 顶部对齐

C. 自由编排　　　　　　　　　　D. 一端对齐

## 3. 简答题

（1）结合实际网页设计案例，简述文字的设计要点。

（2）网页按钮有哪些设计方法？

（3）结合实际网页设计案例，如何合理布局网页？

# 第4章
## Photoshop 设计制作网页图像

**本章知识重点:**

1. 设计制作网站 Logo

2. 设计制作网站 Banner

3. 设计制作网页导航栏

4. 设计制作网站首页版面

---

## 4.1　设计制作网站 Logo

### 4.1.1　概述

随着时代的进步,社会的发展,互联网走入千家万户。互联网成为我们经常说到的"信息高速公路"。与此同时,在越来越多的人加入到互联网中,越来越多地使用互联网的过程中,网页设计越来越重要,越来越注重个性化、独特化的形式美的外观,用简练的元素、独特的创意传递人们心中的意愿。

Logo 是徽标或者商标的英文说法,起到对徽标拥有公司的识别和推广的作用。网络中的徽标主要是各个网站用来与其他网站链接的图形标志,代表一个网站或网站的一个板块。

Logo 是与其他网站连接及让其他网站链接的标志和门户。Internet 之所以叫做"互联网",就在于各个网站之间可以相互连接。要让人走进网站,必须提供让人进入的门户。而Logo 图形化的形式,特别是动态的 Logo,比文字形式的链接更能吸引人的注意,如图 4-1所示。网页设计最终效果,如图 4-2 所示。

**图 4-1　Logo**

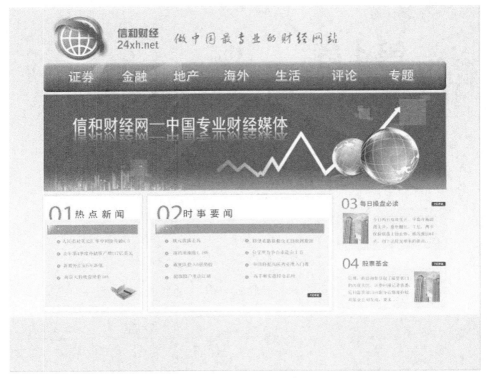

图 4-2　网页设计最终效果

### 4.1.2　制作步骤

（1）启动 Photoshop 软件，新建大小 600×200 像素，分辨率为 200，RGB 模式文件，如图 4-3 所示。

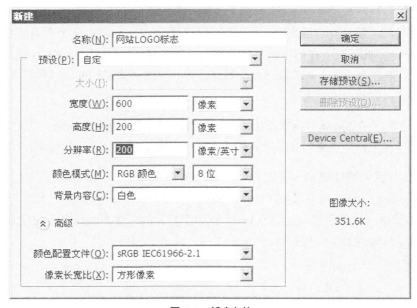

图 4-3　新建文件

（2）在图层调板中新建一个图层，在工具箱中选择椭圆选框工具按钮 ⃝ ，按住快捷键【Shift】绘制圆形选区，如图 4-4 所示。

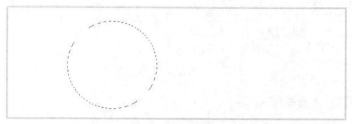

**图 4-4　绘制圆形选区**

（3）在工具箱中选择"渐变工具" ▦ ，设置渐变编辑器为白色到灰色到白色到灰色到白色的渐变，设置完成后，单击【确定】按钮，设置如图 4-5 所示。在其"选项栏"设置渐变类型为线性渐变 ▦ 。鼠标在选区合适的位置拉伸，设置渐变，设置效果如图 4-6 所示。

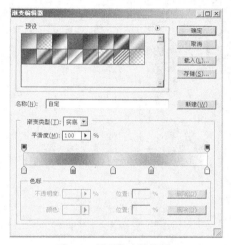

**图 4-5　设置渐变编辑器**

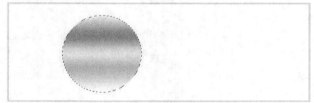

**图 4-6　设置效果**

（4）在工具箱中选择椭圆选框工具按钮 ⃝ ，单击鼠标右键选择变换选区命令，按住快捷键【Shift】将选区等比例缩小，效果如图 4-7 所示。

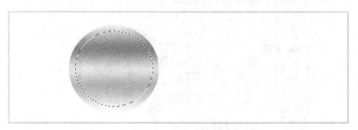

**图 4-7　设置选区**

（5）在图层调板中新建一个图层，在工具箱中选择"渐变工具" ▦ ，设置渐变编辑器为白色到灰色到白色到灰色到白色的渐变，设置完成后，单击【确定】按钮，设置如图 4-8 所示。在其"选项栏"设置渐变类型为线性渐变 ▦ 。鼠标在选区合适的位置拉伸，设置渐变，设置效果如图 4-9 所示。

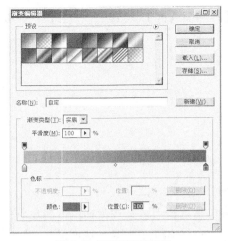

图 4-8　设置渐变编辑器

图 4-9　设置效果

（6）单击添加图层样式按钮 *fx.*，为该图层投影、内阴影、斜面和浮雕，如图 4-10~图 4-12 所示。图层样式设置后的效果如图 4-13 所示。

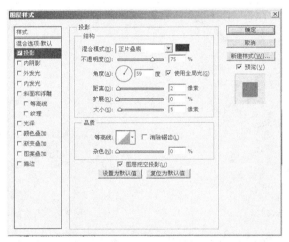

图 4-10　图层样式设置投影

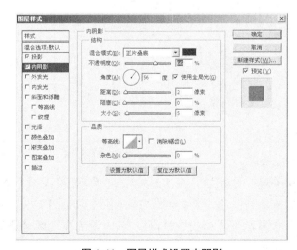

图 4-11　图层样式设置内阴影

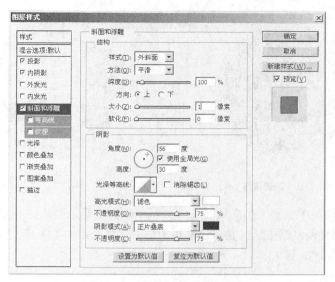

图 4-12　图层样式设置斜面浮雕

图 4-13　图层样式设置后的效果

（7）在图层调板中新建一个图层，在工具箱中选择"自定义形状工具" ，在"选项栏"中选择路径，在形状中选择地球形状，如图 4-14 所示。绘制地球形状如图 4-15 所示。

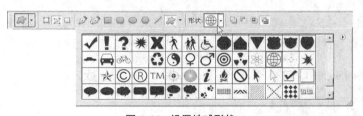

图 4-14　设置地球形状

图 4-15　绘制地球形状

（8）在路径调板中鼠标左键单击将路径作为选区载入按钮 ，将路径转换为选区，效果如图 4-16 所示。将颜色设置为白色（R：255、G：255、B：255），填充白色，按住快捷键【Ctrl+D】取消选区，如图 4-17 所示。

图 4-16　设置选区　　　　　　　　　　　　　　　图 4-17　填充颜色

（9）在图层调板中新建一个图层，在工具箱中选择钢笔工具按钮 绘制路径，效果如图 4-18 所示。路径绘制结束后，在路径调板中单击将路径作为选区载入按钮 ，将路径转换为选区，效果如图 4-19 所示。

图 4-18　设置路径　　　　　　　　　　　　　　　图 4-19　设置选区

（10）在工具箱中选择"渐变工具" ，设置渐变编辑器为浅蓝色到深蓝色的渐变，设置完成后，单击【确定】按钮，设置如图 4-20 所示。在其"选项栏"设置渐变类型为线性渐变 。鼠标在选区合适的位置拉伸，设置渐变，设置效果如图 4-21 所示。

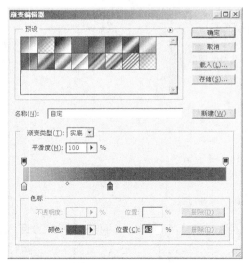

图 4-20　设置渐变编辑器

图 4-21　设置效果

（11）单击添加图层样式按钮 *fx.*，为该图层投影，如图 4-22 所示。图层样式设置后的效果如图 4-23 所示。

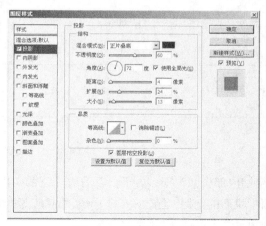

图 4-22　图层样式设置投影

图 4-23　图层样式设置后的效果

（12）在工具箱中选择文字工具 T，设置字体为"华康简综艺"，字的大小为 12，输入文字"信和财经"，设置字体颜色为蓝色（R：35、G：60、B：100），效果如图 4-24 所示。

图 4-24　添加文字

（13）在工具箱中选择文字工具 T，设置字体为 Bell Gothic Std，字的大小为 13，输入文字"24xh.net"，设置字体颜色为蓝色（R：35、G：60、B：100），最终效果如图 4-25 所示。

图 4-25　最终效果

### 4.1.3　案例回顾与总结

作品终于完成了。本案例主要运用了 Photoshop CS5 软件中的"渐变工具"、"路径"等相关知识去设计网站 Logo。设计此类内容时，应该注意以下几点：

（1）符合国际标准。

（2）设计精美、独特。

（3）与网站的整体风格相融合。

（4）能够体现网站的类型、内容和风格。

（5）在最小的空间尽可能地表达出整个网站、公司的创意、精神等。

# 4.2　设计制作网站 Banner

## 4.2.1　概述

Banner 在网络广告展示、交换链接、网站内部告知等很多方面，都有着广泛的应用。Banner 在网页设计的构图中考察作者对画面中块面的把握，位置的安排，虚实的呼应等因素。因此，Banner 的设计在网页制作中显得尤为重要。

设计时的注意事项：Banner 的文字不能太多，一般用一句话来表述，配合的图形也无须太繁杂，文字尽量使用黑色较粗的字体，否则在视觉上容易被网页中的其他内容淹没，也比较容易显示为"花字"。图形尽量选择颜色数量少的、较震撼的效果。Banner 的外围边框最好是深色的，因为很多站点不为 Banner 加轮廓。

Banner 的尺寸为像素类型：468×60 像素为全尺寸 Banner，234×60 像素为半尺寸 Banner，125×125 像素为方形按钮，120×240 像素为垂直 Banner 等。Banner 案例效果如图 4-26 所示。

图 4-26　Banner 案例效果

## 4.2.2　制作步骤

（1）启动 Photoshop 软件，新建 800×200 像素，分辨率为 200，RGB 模式文件，如图 4-27 所示。

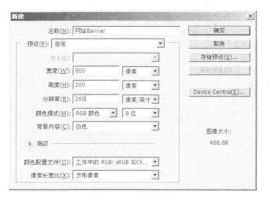

图 4-27　新建文件

（2）执行菜单栏中"文件"下的"打开"命令，打开本书配套光盘"素材"下"项目四"目录下的"001"文件，如图 4-28 所示。在工具箱中选择移动工具 ▶⁺，将其移到网站 Banner 文件中，按住快捷键【Ctrl+T】调出自由变换框将背景缩小，大小合适后，按住【Enter】键，将自由变换框取消后，将此素材作为案例的背景图层。

图 4-28　背景文件

（3）在图层调板中新建一个图层，激活"工具箱"中的"矩形选框工具" ⬚，设置矩形选区。将颜色设置为蓝色（R：70、G：120、B：220），填充蓝色，按住快捷键【Ctrl+D】取消选区，如图 4-29 所示。在图层面板中设置图层的混合模式为"叠加"，设置不透明度为 100%，设置效果如图 4-30 所示。

图 4-29　设置颜色

图 4-30　设置效果

（4）在工具箱中选择文字工具 T，设置字体为"Adobe 黑体 Std"，字的大小为 11，输入文字"信和财经网—中国专业财经媒体"，设置字体颜色为白色（R：255、G：255、B：255），效果如图 4-31 所示。

信和财经网—中国专业财经媒体

图 4-31　设置文字

（5）在图层调板中复制文字图层，执行菜单栏中"编辑"下的"变换"、"垂直翻转"命令，在工具箱中选择移动工具 ▶⁺，将文字移到下方，效果如图 4-32 所示。在图层调板中选择该文字图层，鼠标右键选择栅格化文字，按【Ctrl】键，在图层跳板中单击该文字图层的缩略图，创建文字选区，效果如图 4-33 所示。

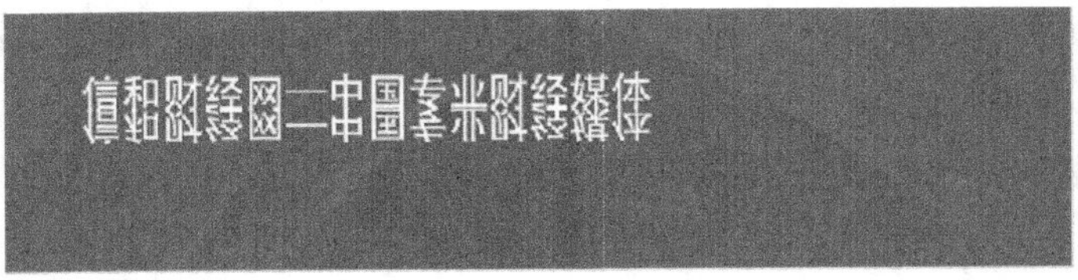

图 4-32　设置文字垂直翻转

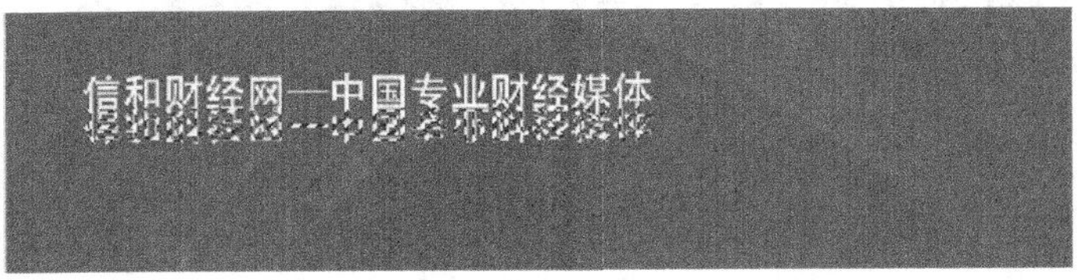

图 4-33　设置选区

（6）按住【Delete】键，去除文字颜色，在工具箱中选择"渐变工具" ，设置渐变编辑器为白色到白色，不透明度为 100~0 的渐变，设置完成后，单击【确定】按钮，设置如图4-34 所示。在其"选项栏"设置渐变类型为线性渐变 。鼠标在选区合适的位置拉伸，设置渐变，设置效果如图 4-35 所示。

图 4-34　设置渐变

图 4-35　设置效果

（7）执行菜单栏中"文件"下的"打开"命令，打开本书配套光盘"素材"下"项目四"目录下的"002"文件，如图 4-36 所示。在工具箱中选择移动工具 ，将其移到网站 Banner文件中，按住快捷键【Ctrl+T】调出自由变换框将文件缩小，大小合适后，按【Enter】键，取消自由变换框，效果如图 4-37 所示。

图 4-36 箭头素材

图 4-37 添加素材文件

（8）执行菜单栏中"文件"下的"打开"命令，打开本书配套光盘"素材"下"项目四"目录下的"003"文件，如图 4-38 所示。在工具箱中选择移动工具 ▶╇，将其移到网站 Banner 文件中，按住快捷键【Ctrl+T】调出自由变换框将文件缩小，大小合适后，按【Enter】键，取消自由变换框，在图层面板中设置图层的混合模式为"划分"，设置不透明度为 70%，效果如图 4-39 所示。

图 4-38 大楼素材

图 4-39 添加素材文件

（9）执行菜单栏中"文件"下的"打开"命令，打开本书配套光盘"素材"下"项目四"目录下的"004"文件，如图 4-40 所示。在工具箱中选择移动工具 ▶╇，将其移到网站 Banner 文件中，按住快捷键【Ctrl+T】调出自由变换框将文件缩小，大小合适后，按【Enter】键，取消自由变换框，效果如图 4-41 所示。

图 4-40 地球仪素材

图 4-41　添加素材文件

（10）在图层调板中新建一个图层，在工具箱中选择"矩形选框工具"，设置矩形选区。将颜色设置为白色（R：255、G：255、B：255），填充白色，按住快捷键【Ctrl+D】取消选区，在图层调板中设置不透明度为 15%，按照上述步骤重复设置多次，效果如图 4-42 所示。

图 4-42　添加矩形效果

（11）新建图层，使用快捷键【Ctrl+Shift+Alt+E】，盖印图章，将以下所有图层可见性关掉。单击图层面板底部的"添加图层蒙版"按钮，为图层添加一个图层蒙版。在工具箱中选择"渐变工具"，单击渐变编辑器，设置渐变编辑器为黑色到白色的渐变，设置完成后，单击【确定】按钮，效果如图 4-43 所示。在其"选项栏"设置渐变类型为线性渐变。鼠标在选区合适的位置拉伸，设置渐变，设置完成后，最终效果如图 4-44 所示。

图 4-43　设置渐变

图 4-44　最终效果

### 4.2.3  案例回顾与总结

作品终于完成了。本案例主要运用了 Photoshop CS5 软件中的"文字工具"、图层的混合模式相关知识去设计网站 Banner。设计此类内容时，应该注意以下几点：

（1）一般来说，制作一个网站 Banner 分为两个部分，即文字和辅助图。虽然辅助图占用的面积比较大，但如果不加入文字说明，客户就会看不懂你做的 Banner 要表现什么、要说明什么，所以，文字是整个 Banner 的主角，制作 Banner 时特别要注意对文字的处理和摆放。

（2）如果需求方整体文字太短，画面太空，可以加入一些辅助信息以丰富画面，如可加英文、域名、频道名等。

（3）字体要大，颜色要醒目。一个好的 Banner 标题文字都比较饱满，比较集中。

## 4.3  设计制作网页导航栏

### 4.3.1  概述

导航栏是网页的一个重要组成部分。导航栏的设计，有时会决定一个页面的成败。同时，导航栏也是提高站点易用性的关键。网站的浏览者通过导航栏可以了解站点内容的分类，并使用导航栏上的链接浏览站点的相关信息。导航栏一般都处于页面最醒目的位置，以方便浏览者的使用。

横向导航栏是网页中最常用的导航方式。横向导航栏符合人们通常的浏览习惯，同时也便于页面内容的排版。其缺点在于如果使用不合理，可能会给人以呆板、单调的感觉。纵向导航栏也是网页中比较常用的导航方式。纵向导航栏也较易于被浏览者接受，但其缺点在于使页面内容的排版变得相对困难。自由排版的导航栏一般会出现在信息量相对较少，内容较活泼的站点上。其优点在于新颖、灵活，能引起浏览者的兴趣。但是，如果使用不当，则会使浏览者进行不必要的思考，降低导航的效率。本章导航栏案例效果如图 4-45 所示。

图 4-45  本章导航栏案例效果

### 4.3.2  制作步骤

（1）启动 Photoshop 软件，新建 1200×260 像素，分辨率为 200，RGB 模式文件，如图 4-46 所示。

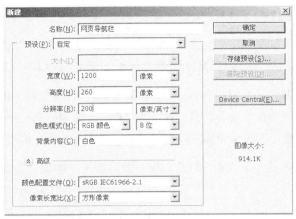

图 4-46　新建文件

（2）在工具箱中选择圆角矩形工具按钮 ，其他设置如图 4-47 所示。在图层调板中新建一个图层，如图 4-48 所示。在文件上拉出一个长方形选框，如图 4-49 所示。

图 4-47　设置半径为 10px

图 4-48　新建文件

图 4-49　绘制选框

（3）在路径调板中鼠标左键单击将路径作为选区载入按钮 ，将路径转换为选区，如图 4-50 所示。

图 4-50　将路径转换为选区

（4）设置背景色为蓝色，（R：20、G：60、B：130），按住快捷键【Alt+Delete】，填充颜色，如图4-51所示。

图4-51 填充颜色

（5）单击添加图层样式按钮 *fx.*，为该图层添加外发光、斜面和浮雕、渐变叠加样式，如图4-52~图4-54所示。设置后的效果如图4-55所示。

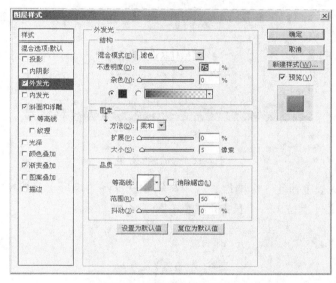

图4-52 图层样式设置外发光

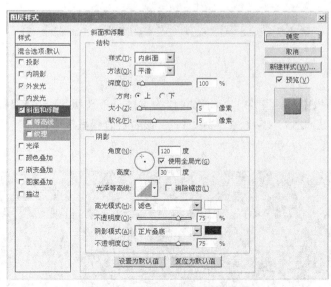

图4-53 图层样式设置斜面和浮雕

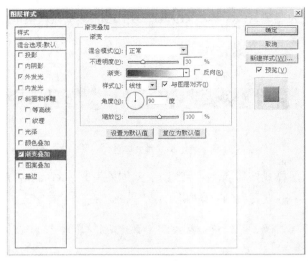

图 4-54　图层样式设置渐变叠加

图 4-55　设置后的效果

（6）在图层调板中新建一个图层，在工具箱中选择圆角矩形工具按钮 ◻，其他设置如图 4-56 所示。在文件上拉出一个长方形选框，如图 4-57 所示。

图 4-56　设置半径为 7px

图 4-57　绘制选框

（7）在通道调板中鼠标左键单击将路径作为选区载入按钮 ◯，将路径转换为选区，将颜色设置为白色（R：255、G：255、B：255），设置混合模式为"柔光"，不透明度为 15%，效果如图 4-58 所示。

图 4-58　按钮效果

（8）在图层调板中新建一个图层，在工具箱中选择钢笔工具按钮 ✎ 绘制路径，效果如图 4-59 所示。路径绘制结束后，在路径面板中单击将路径作为选区载入按钮 ⊙，将路径转换为选区，效果如图 4-60 所示。

图 4-59　绘制路径

图 4-60　将路径转换为选区

（9）将颜色设置为蓝色（R：20、G：60、B：90），按住快捷键【Ctrl+D】，取消选取，如图 4-61 所示。

图 4-61　填充颜色效果

（10）在图层面板中单击图层 1，按住【Ctrl】键，同时单击图层 1 的缩略图，选中导航栏按钮，如图 4-62 所示。

图 4-62　选中导航栏按钮

（11）在图层面板中单击图层 3，选择【选择】菜单栏下方的【反向】命令，如图 4-63 所示。单击图层 3，将多余部分删除，按住快捷键【Ctrl+D】，取消选区，设置效果如图 4-64 所示。

图 4-63　命令操作

图 4-64　设置效果

（12）单击添加图层样式按钮 $fx$，为该图层添加渐变叠加样式。如图 4-65 所示，在图层面板中将不透明度设置为 25%，效果如图 4-66 所示。

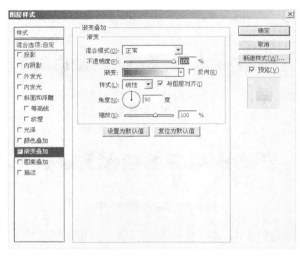

图 4-65　图层样式设置渐变叠加

图 4-66　设置效果

（13）在工具箱中选择文字工具 T，设置字体为黑体，字的大小为 12 点，如图 4-67 所示。输入文字"证券"，设置字体颜色为白色（R：255、G：255、B：255），单击添加图层样式按钮 $fx$，为该图层添加斜面和浮雕，如图 4-68 所示。设置效果如图 4-69 所示。

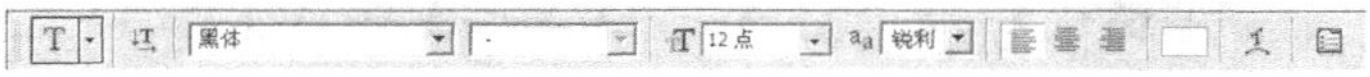

图 4-67　设置字的大小为 12 点

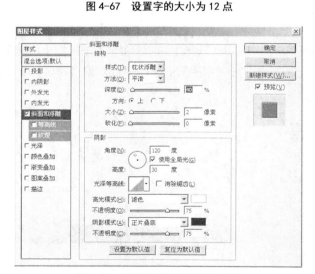

图 4-68　图层样式设置斜面和浮雕

图 4-69　设置效果

（14）按照前面所述，添加其他文字。精美导航栏按钮的最终效果图如图 4-70 所示。

图 4-70　精美导航栏按钮的最终效果图

### 4.3.3　案例回顾与总结

作品终于完成了。本案例主要运用了 Photoshop CS5 软件中的"文字工具"、图层的混合模式相关知识去设计网站 Banner。设计此类内容时，应该注意以下几点：

一般来说，网站制作一个 Banner 分为两个部分，文字和辅助图。虽然辅助图占用的面积比较大，但如果不加入文字说明的话，客户就会看不懂你做的 Banner 要表现什么、要说明什么，所以文字是整个 Banner 的主角，我们在制作 Banner 的时候特别要注意对文字的处理和摆放。

如果需求方整体文字太短，画面太空，可以用一些加入一些辅助信息丰富画面。如加点英文，域名，频道名等。

字体要大颜色要醒目，一个好的 Banner 标题文字处理都比较饱满，比较集中。

# 4.4　设计制作网站首页版面

### 4.4.1　概述

版式设计是指在版面上，将有限的视觉元素进行有机的排列组合，并通过理性思维，用个性化的方式表现出具有个人风格和艺术特色的视觉效果。它使得版面在传达信息的同时，也会产生感官上的美感。

版式设计是现代设计艺术的重要组成部分，它不仅是一种技能，更体现了技术与艺术的高度统一。随着互联网和计算机技术的不断进步，网络以其独特的优势迅速覆盖了全球。由于它的发展融合了更多的新技术，使其艺术表现形式比传统媒体更为多样。网站首页版面最终效果如图 4-71 所示。

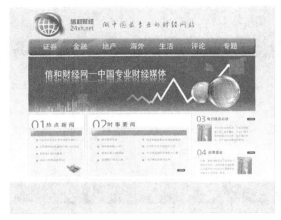

图 4-71　网站首页版面最终效果

### 4.4.2　制作步骤

（1）启动 Photoshop 软件，新建 1200×960 像素，分辨率为 200，RGB 模式文件，如图 4-72 所示。

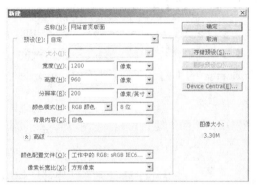

图 4-72　新建文件

（2）在图层调板中新建一个图层，在工具箱中选择"渐变工具"，设置渐变编辑器为浅蓝色到深蓝色的渐变，设置完成后，单击【确定】按钮，设置如图 4-73 所示。在其"选项栏"设置渐变类型为线性渐变。鼠标在选区合适的位置拉伸，设置渐变，设置效果如图 4-74 所示。

图 4-73　设置渐变

图 4-74　设置效果

（3）打开网站的 Logo 标志、网站 Banner 和网站导航栏 3 个项目，调入新建的文件中，并排好位置，如图 4-75 所示。

（4）在工具箱中选择文字工具 T ，设置字体为"方正黄草简体"，字的大小为 14 点。输入文字为"做中国最专业的财经网站"。设置字体颜色为蓝色（R：35、G：60、B：100），文字效果如图 4-76 所示。

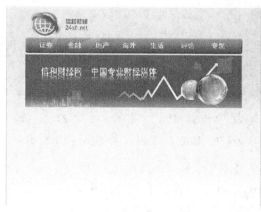

图 4-75 将路径转为选区

图 4-76 文字效果

（5）在图层调板中新建一个图层，在"工具箱"中选择"矩形选框工具" □ ，设置矩形选区。将颜色设置为灰色（R：220、G：220、B：220），填充灰色，按住快捷键【Ctrl+D】取消选区，设置后的效果如图 4-77 所示。

（6）在图层调板中新建一个图层，在"工具箱"中选择"矩形选框工具" □ ，设置矩形选区。将颜色设置为白色（R：255、G：255、B：255），填充白色，按住快捷键【Ctrl+D】取消选区，在图层面板中，单击添加图层样式按钮 fx ，为该图层添加外发光，如图 4-78 所示，效果如图 4-79 所示。

图 4-77 设置后的效果

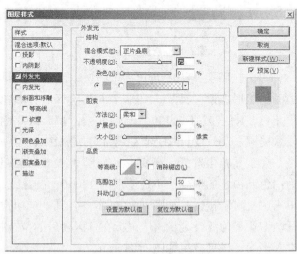

图 4-78 设置外发光

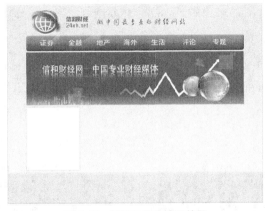

图 4-79　设置外发光后的效果

（7）在工具箱中选择文字工具 **T**，设置字体为"Myriad Pro"，字的大小为 24 点。输入文字"1"，设置字体颜色为蓝色（R：70、G：100、B：170），按钮效果如图 4-80 所示。

（8）在图层调板中新建一个图层，激活"工具箱"中的"矩形选框工具"，设置矩形选区。将颜色设置为灰色（R：220、G：230、B：240），填充淡蓝色，按住快捷键【Ctrl+D】取消选区，如图 4-81 所示。

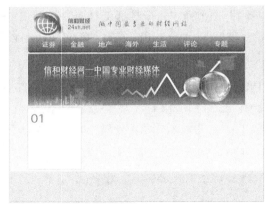

图 4-80　按钮效果

图 4-81　绘制路径

（9）在图层调板中新建一个图层，激活"工具箱"中的"矩形选框工具"，设置矩形选区。将颜色设置为蓝色（R：70、G：100、B：1700），填充淡蓝色，按住快捷键【Ctrl+D】取消选区，在图层调板中新建一个图层，在工具箱中选择"渐变工具"，设置渐变编辑器为白色到白色的渐变，不透明度为 100~0，设置完成后，单击"确定"按钮，如图 4-82 所示。在其"选项栏"设置渐变类型为线性渐变。鼠标在选区合适的位置拉伸，设置渐变，设置效果如图 4-83 所示。

图 4-82　设置渐变

（10）在工具箱中选择文字工具 T ，设置字体为"Adobe 黑体 Std"，字的大小为 9 点。输入文字"热点新闻"。设置字体颜色为黑色（R：0、G：0、B：0），效果如图 4-84 所示。

图 4-83　设置效果　　　　　　　　　　　　　　图 4-84　设置文字

（11）在图层调板中新建一个图层，在工具箱中选择椭圆选框工具按钮 ○ ，按住快捷键【Shift】绘制正圆选区，将前景色颜色设置为红色（R：240、G：80、B：20），按住快捷键【Alt+Delete】，填充颜色，按住快捷键【Ctrl+D】取消选区，在工具箱中选择自由形状工具按钮 ，选择形状，设置如图 4-85 所示。绘制形状，在路径调板中鼠标左键单击将路径作为选区载入按钮 ○ ，将路径转换为选区。设置背景为白色，（R：255、G：255、B：255），按住快捷键【Alt+Delete】，填充颜色，效果如图 4-86 所示。

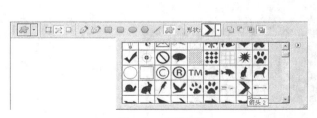

图 4-85　选择形状　　　　　　　　　　　　　　图 4-86　填充颜色

（12）在图层面板中复制多个图层，激活"工具箱"中的"矩形选框工具" ，将该标志移到网站的合适位置上，效果如图 4-87 所示。

（13）在工具箱中选择文字工具 T ，设置字体为宋体，字的大小为 4.3 点。依次输入文字，设置字体颜色为蓝色（R：30、G：50、B：100），效果如图 4-88 所示。

图 4-87　设置效果　　　　　　　　　图 4-88　设置效果

（14）执行菜单栏中"文件"下的"打开"命令，打开本书配套光盘"素材"下"项目四"目录下的"005"文件，如图 4-89 所示。在工具箱中选择移动工具 ，将其移到文件中，按住快捷键【Ctrl+T】调出自由变换框将文件缩小，大小合适后，按住快捷键【Enter】,取消自由变换框，效果如图 4-90 所示。

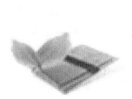

图 4-89　配景素材　　　　　　　　　图 4-90　添加素材文件

（15）按照上述设计"01 热点新闻"的方式设计"02 时事要闻"，方法同前面的设计方法相同，效果如图 4-91 所示。

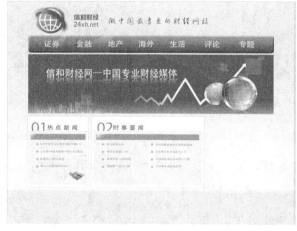

图 4-91　设置效果

（16）在【工具箱】中选择圆角矩形工具按钮 ▭，在图层调板中新建一个图层，在文件上拉出一个圆角选框。在路径调板中鼠标左键单击将路径作为选区载入按钮 ○，将路径转换为选区，设置背景为蓝色，（R：200、G：220、B：240），按住快捷键【Alt+Delete】，填充颜色，将不透明度设置为30%，效果如图4-92所示。

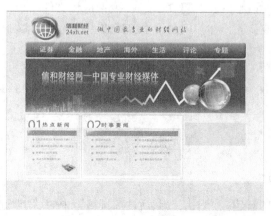

图4-92　填充颜色

（17）按照上述设计"01热点新闻"的方式将"03每日操盘必读"文字设计完成，方法同前面的设计方法相同，效果如图4-93所示。

图4-93　设置文字

（18）执行菜单栏中"文件"下的"打开"命令，打开本书配套光盘"素材"下"项目四"目录下的"006"文件，如图4-94所示。在工具箱中选择移动工具 ▸⊹，将其移到文件中，按住快捷键【Ctrl+T】调出自由变换框将文件缩小，大小合适后，按住快捷键【Enter】,取消自由变换框，效果如图4-95所示。

图4-94　素材文件　　　　　　　图4-95　添加素材文件

（19）在图层调板中新建一个图层，激活工具箱中的"矩形选框工具"□，设置矩形选区。将颜色设置为白色（R：255、G：255、B：255），填充白色，按住快捷键【Ctrl+D】取消选区，如图 4-96 所示。执行菜单栏中"文件"下的"打开"命令，打开本书配套光盘"素材"下"项目四"目录下的"007"文件，如图 4-97 所示。在工具箱中选择移动工具▸⊕，将其移到文件中，按住快捷键【Ctrl+T】调出自由变换框将文件缩小，大小合适后，按住快捷键【Enter】,取消自由变换框，在图层窗口中选择该图层文件，右键选择"创建剪贴蒙板"，效果如图 4-98 所示。

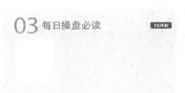

图 4-96　设置颜色　　　　　　图 4-97　素材文件　　　　　　图 4-98　创建剪贴蒙板

（20）在图层调板中新建一个图层，激活"工具箱"中的"矩形选框工具"□，设置矩形选区。将颜色设置为白色（R：170、G：190、B：160），填充绿色，按住快捷键【Ctrl+D】取消选区，在图层调板中设置不透明度为 50%，效果如图 4-99 所示。在工具箱中选择文字工具 T，设置字体为宋体，字的大小为 4 点，依次输入文字，效果如图 4-100 所示。

图 4-99　添加线条　　　　　　　　　图 4-100　输入文字

（21）按照上述设计"03 每日操盘必读"的方式将"04 股票基金"文字设计完成，方法同前面的设计方法相同，效果如图 4-101 所示。最终效果如图 4-102 所示。

图 4-101　完成 04 部分的制作　　　　　　　　图 4-102　最终效果

### 4.4.3 案例回顾与总结

作品终于完成了。本案例主要运用了 Photoshop CS5 软件中的"渐变工具"、"图层样式"相关知识去设计网站首页版面。设计此类内容时，应该注意以下几点：

（1）版式设计在用色中要做到总体协调，局部对比，才能达到较理想的网页艺术表现效果。

（2）巧妙运用 Flash。Flash 在网页设计中运用得越来越广泛，由此可见技术的进步对网页版式改良的作用是巨大的。完成 Flash 动画时，可以运用只是局部动的不完全变化的 Flash，使文字和背景配合得比较精妙，且更利于传输。

（3）注意页面层次和版式细节。网站的页面层次感是使网页变得厚重，层次感不仅可依赖立体字来体现，还可以通过添加简单的图片或文字阴影效果和巧妙利用沟通来形成视觉上的差异。

## 4.5　习题

**1. 填空题**

（1）使用＿＿＿＿工具，可以绘制矩形或正方形或路径。

（2）使用＿＿＿＿工具，可以绘制出平滑的、复杂的路径。

（3）按住＿＿＿＿键，可以将路径转化为选区。

（4）使用＿＿＿＿工具，可以移动路径中的锚点或线段。

**2. 选择题**

（1）按住＿＿＿＿键的同时，单击"路径"面板底部的"用前景色填充路径"按钮，可以弹出"填充路径"对话框。

　　A. Ctrl　　　　　　　　　　B. Tab

　　C. Shift　　　　　　　　　　D. Alt

（2）使用＿＿＿＿工具，可以绘制多种已经定义好的图形或路径。

　　A. 自定形状　　　　　　　　B. 矩形

　　C. 直线　　　　　　　　　　D. 椭圆

（3）使用＿＿＿＿工具，可以调整锚点的位置和锚点上的控制柄。

　　A. 矩形　　　　　　　　　　B. 转换点

　　C. 增加锚点　　　　　　　　D. 删除锚点

### 3. 简答题

（1）如何添加图层蒙板？

（2）"网页导航栏按钮"的"设计原则"是什么？

（3）"钢笔工具组"里有哪几种工具？

（4）如何将路径与选区互相转换？

（5）在 Photoshop 中设计如图 4-103 所示的网页设计效果图。

图 4-103　网页设计效果图

操作提示：

（1）新建文件，文件大小为 1200×1325 像素，分辨率为 72，RGB 模式文件。利用所给素材设置背景色并使用图层蒙板，添加搜索条，选择圆角矩形工具，图层的混合模式中的描边、投影、内阴影、渐变叠加等知识点，网页设计效果图背景如图 4-104 所示。

（2）设置网页导航条，使用的知识点有圆角矩形工具，图层的混合模式中的描边、投影知识点，设置导航栏边框效果，使用文字工具添加文字，如图 4-105 所示。

图 4-104　网页设计效果图背景　　　　　　图 4-105　制作导航栏

（3）设计网站 Banner，利用所给素材及添加文字，使用图层蒙板等内容完成效果。完成网站 Banner，排版要美观、大方、简洁。下面的按钮使用椭圆选框工具、图层的混合模式、渐变工具进行设置，效果如图 4-106 所示。

（4）设置网页的版面，适当地增加版面与版面之间的间隔，主要使用素材文件及选框工具进行网页版面的排版，为网页添加主体内容，注意文字和图片的排版，并用到所给素材。最终效果如图 4-107 所示。

图 4-106　制作网站 Banner　　　　　　　　图 4-107　最终效果

# 第5章
## Flash 网页动画设计与制作

**本章知识重点：**

1. Flash 基本操作

2. Flash 时间轴及帧操作

3. Flash 元件和实例

4. Flash 文件的发布和播放

5. 逐帧动画

6. 补间动画

7. 网页特殊动画

---

## 5.1 Flash 基本操作

Flash CS5 是 Adobe 公司推出的一款全新的矢量动画制作和多媒体设计软件，广泛应用于网站广告、游戏设计、MTV 制作、电子贺卡和多媒体课件等领域。Flash CS5 的操作界面由以下几部分组成：菜单栏、主工具栏、工具箱、时间轴、场景和舞台、属性面板以及浮动面板，如图 5-1 所示。

图 5-1 Flash CS5 的操作界面

### 5.1.1 创建 Flash 文档

新建文件是使用 Flash CS5 进行设计的第一步。选择"文件 > 新建"命令，弹出"新建文档"对话框，选择完成后，单击【确定】按钮，即可完成新建文件的任务 ，如图 5-2 所示。

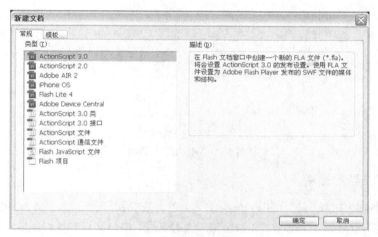

图 5-2 "新建文档"对话框

### 5.1.2 打开 Flash 文档

如果要修改已完成的动画文件，必须先将其打开。选择"文件 > 打开"命令，弹出"打开"对话框，在对话框中搜索路径和文件，确认文件类型和名称，单击"打开"按钮，或直接双击文件，即可打开所指定的动画文件，如图 5-3 所示。

图 5-3 "打开"对话框

### 5.1.3 保存 Flash 文档

编辑和制作完动画后，就需要保存动画文件。选择"保存"命令，弹出"另存为"对话框 ，输入文件名，选择保存类型，单击"保存"按钮，即可保存动画，如图 5-4 所示。

图 5-4 "另存为"对话框

### 5.1.4 绘图工具的使用

使用工具面板中的工具，可以完成绘图、上色、选择和修改绘图对象，并可以更改舞台中的视图。工具面板分为 4 个部分：工具区域、查看区域、颜色区域和查看区域，如图 5-5 所示。

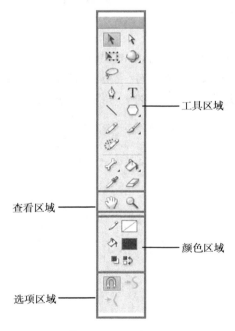

图 5-5 工具面板

箭头工具 ：选取和移动对象、修正对象轮廓、旋转或缩放对象。

精选工具 ：对曲线、圆形、矩形等图形对象的外形进行编辑调整。若图形对象是组件，必须先解散。

套索工具 ：使用圈选方式来选取对象，它可以圈出不规则形状。

3D 旋转工具 ：进行 3D 旋转操作。

直线工具 ：只能画直线。按住【Shift】键，拖放鼠标可以绘制垂直、水平直线或 45° 斜线。

铅笔工具 ：画直线或曲线。所画线条包括 Straighten（平直）、Smooth（平滑）和 Ink（墨水）3 种模式。

钢笔工具 ：可以绘制连续线条与贝塞尔曲线，且绘制后还可以配合精选工具来加以修改。用钢笔工具绘制的不规则图形，可以在任何时候重新调整。

椭圆、矩形和多边形工具 ：绘制椭圆或矩形、多边形。配合【Shift】键，可绘制圆或正方形。

笔刷工具 ：填充工作区中任意区域的颜色。它与铅笔工具不同，笔刷工具画出的是填充区，而铅笔工具则是线条。

Deco 工具 ：它是一种类似 "喷涂刷" 的填充工具。使用 Deco 工具，可以快速完成大量相同元素的绘制，也可以应用它制作出很多复杂的动画效果。将其与图形元件和影片剪辑元件配合，可以制作出效果更加丰富的动画效果。

自由形变工具 ：可对选定对象进行缩放、旋转和扭曲等形变。

骨骼工具 ：适合做机械运动或人走路等那些甩反向运动的动画。

渐变工具 ：改变图形对象中的渐近色的方向、深度和中心位置等。

墨水瓶工具 ：更改线条的颜色和样式。

颜料桶工具 ：更改填充区域的颜色，包括缺口大小（Gap Size）和锁定填充（Lock Fill）两个选项。

吸管工具 ：从工作区中拾取已经存在的颜色及样式属性，并将其应用于别的对象中。

橡皮擦工具 ：完整或部分地擦除线条、填充及形状。

视图移动工具 ：用于移动工作区使其便于编辑，其功能相当于移动滚动条。选择该工具后，使用鼠标在工作区中拖动页面即可调整。

缩放工具 ：用于调整工作区的显示比例。

# 5.2 Flash 时间轴及帧操作

## 5.2.1 时间轴

时间轴面板主要用于组织和控制影片中图层和帧的内容，使这些内容提要随着时间的推移而发生相应的变化。时间轴面板如图 5-6 所示。

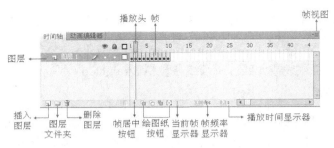

图 5-6 时间轴面板

### 5.2.2 帧和关键帧

Flash 文档是将时间长度分为帧。帧就像电影中的底片，制作动画的大部分操作都是对帧的操作。

帧类型分为关键帧、空白关键帧和普通帧。关键帧是用于定义变化的帧，每一个关键帧都有自己独立的场景；空白关键帧是特殊的关键帧，有自己的、独立的场景，但是场景中没有任何对象存在；普通帧只是简单地延续前一关键帧中的场景内容。

### 5.2.3 图层

图层就像透明的胶片一样，在舞台一层层地向上叠加。图层可以组织文档中的图形图像。可以在图层上绘制和编辑对象，而不会影响其他图册上的对象。如果一个图层上没有内容，就可以透过它看到下面的图层。层与层之间是独立的，每个图层上都有若干帧，每个 Flash 动画又由多个图层组成。

## 5.3 Flash 元件和实例

### 5.3.1 元件和实例

元件是可以重复使用的图像、动画或按钮，是构成动画的基本单位。它可节省存储空间，加快动画的播放速度。

实例（Instance）是元件在场景上的具体体现，即在工作区中的元件。

### 5.3.2 元件类型

元件的类型有图形（Graphic）、按钮（Button）和电影片段（Movie Clip）。图形可以是任意静态图形，也可以是受主时间轴（场景中的时间轴）控制的动画。按钮是指可以通过鼠标单击或滑过、移离等完成一定交互功能的符号。电影片段是指可以独立于主时间轴的动画片段。

### 5.3.3 元件的创建

新建一个元件的方法：Insert/New Symbol 命令，或【Ctrl+F8】。

创建新符号：用箭头工具选择场景中的元素→Insert/Convert to Symbol→输入名称→选择类型→单击 OK 按钮。

创建空符号：Insert/New Symbol→输入名称→选择类型→单击 OK 按钮→进入符号编辑模式。

# 5.4　Flash 文件的发布和播放

## 5.4.1　Flash 文件的发布设置

Flash 动画制作完成后，可以将动画作为文件导出，或发布动画。首先需要对动画进行优化，减少文件的大小，使动画能够更快速地下载和播放。而测试动画是为了检查动画是否能正常播放。在 Flash CS3 中，可以将动画发布为 SWF 格式文件，也可以发布为 QuickTime 等其他格式文件，以满足不同系统平台的需要。

默认情况下，使用"发布"命令可以创建*.SWF 格式文件，也可以将 Flash 影片插入 HTML 文档，还可以创建 GIF、JPEG、PNG 和 QuickTime 等文件格式。可以根据需要，选择发布格式以及设置相关的发布参数。

## 5.4.2　Flash 动画文件的播放

要在编辑文件的基础上创建图像或影片，发布功能不是唯一的途径，导出命令也可以完成其中的大部分工作，但是要在其他的应用程序（如照片编辑或矢量绘图程序）中使用 Flash 创建的内容，还需要对它进行调整。

在将编辑文件导出为影片时，主要进行两项工作：可以将动画转换为动画文件格式，如 Flash、QuickTime、Windows AVI 或具有动画效果的 GIF。或者，也可以将动画的每一帧作为单独的静态图形文件导出。当以后者方式导出时，所创建的每个文件都有一个分配的名称以及一个表示其位置的编号。因此，如果将某个 JPEG 序列命名为 my image，且影片包含 10 帧，那么最后的文件将按照从 myimage1.jpg 到 myimage10.jpg 的顺序进行命名。

要将动画作为影片或序列导出，具体的操作步骤如下。

（1）从"文件"菜单中选择"导出影片"命令，将出现"导出影片"对话框，如图 5-7 所示。

图 5-7　"导出影片"对话框

（2）为导出的影片命名，然后选择文件类型。

（3）最后单击"保存"按钮即可。

注意：选择文件类型不同，会出现不同的"导出"对话框。在对话框中调整设置后确定即可。

使用独立的播放器 Macromedia Flash Player 播放影片与使用 Web 浏览器或 ActiveX 主机应用程序播放的效果一样。当然，可以使用 Flash Player 播放器让那些没有安装 Web 浏览器或 ActiveX 主机应用程序的用户也能够观看影片。

# 5.5　逐帧动画

## 5.5.1　逐帧动画的概念

与传统动画片类似，逐帧动画全部由关键帧组成，可以一帧一帧地绘制，也可以导入外部动画文件。

逐帧动画的特点是：在连续动画的相邻两帧中，画面一般仅有微小的变化；每一帧都是关键帧；每帧画面的制作。

## 5.5.2　逐帧动画制作实例——花开动画

（1）新建 Flash 文档。

（2）通过"文件"→"导入"→"导入到舞台"菜单打开"导入"对话框，选择导入配套光盘/素材文件夹/项目五文件夹/001 文件下的图片，如图 5-8 所示。

图 5-8　"导入"对话框

（3）单击"打开"按钮，会出现"导入图像序列"对话框，单击"是"按钮，如图 5-9 所示。

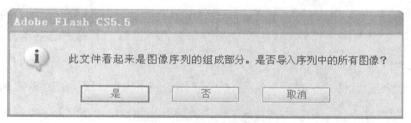

图 5-9　"导入图像序列"对话框

（4）时间轴上的序列图像将会按顺序排放，拖动播放头，可以看到逐帧出现的开花动画，如图 5-10 所示。

图 5-10　开花动画

# 5.6　补间动画

## 5.6.1　补间动画的种类

补间是通过为一个帧中的对象属性指定一个值，并为另一个帧中的该相同属性指定另一个值创建的动画。Flash 可计算这两个帧之间该属性的值。

在类型上又分为补间动画、补间形状和传统补间。

补间动画是一种基于对象的动画，不再是作用于关键帧，而是作用于动画元件本身，从而使 Flash 的动画制作更加专业。

补间形状动画用于创建形状变化的动画效果，使一个形状变成另一个形状，同时也可以设置图形的形状、位置、大小和颜色的变化。

传统补间动画是 Flash 中较常见的基础动画类型。使用它可以制作出对象的位移、变形、旋转、透明度、滤镜以及色彩变化的动画效果。

## 5.6.2　补间动画的制作实例——水滴动画

（1）新建 Flash 文档，设置帧频为 12.00，舞台背景颜色为蓝色，如图 5-11 所示。

（2）创建图形元件"水滴"，绘制水滴，如图 5-12 所示。

图 5-11　新建 Flash 文档属性

图 5-12　绘制水滴

（3）创建图形元件"水波"，在元件的第 1 帧绘制小的水波纹，如图 5-13 所示。

（4）在图形元件第 1 帧处单击鼠标右键，选择"创建补间形状"，然后在第 30 帧插入空白关键帧，绘制大的水波纹，如图 5-14 所示。

图 5-13　绘制小的水波纹

图 5-14　绘制大的水波纹

（5）回到场景 1，在第 1 层的第 1 帧放入库里面的"水滴"在舞台上方的中间，调整大小，然后在第 1 帧创建传统补间，在第 7 帧插入关键帧。在第 7 帧将水滴向下移动到舞台中央的位置。

（6）新建图层 2，在第 7 帧插入关键帧，放入图形元件"水波"。调整大小，位置在水滴的下方，如图 5-15 所示。

（7）在图层 2 的第 7 帧处单击鼠标右键，选择创建传统补间命令，在第 36 帧插入关键帧，并选择舞台上的水波对象，将其 Alpha 值调为 0%。

图 5-15　水波和水滴的位置

（8）新建图层 3，复制图层 2 的 7~36 帧，在图层 3 的第 13 帧粘贴帧。

（9）使用同样的方法，建立图层 4、5、6，依次比前一个图层推后 5 帧粘贴帧。删掉多出来的帧。时间轴效果如图 5-16 所示。

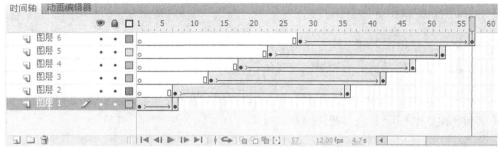

图 5-16　时间轴效果

（10）测试影片，可以看到水滴滴下，水波泛开的动画效果。

网页特殊动画

### 5.7.1　遮罩动画实例

遮罩层的作用：可以透过遮罩层内的图形看到其下面图层的内容，而不可以透过遮罩层内的无图形处看其下面图层的内容。

遮罩层动画可制作图像文字、电影文字、图像的动态切换和探照灯效果等。

遮罩动画至少要有两个层（遮罩层和被遮罩层）的配合才能完成。下面来制作探照灯效果：

（1）新建 Flash 文档，设置帧频为 12，舞台尺寸为 550X250，舞台背景颜色为黑色。

（2）用文本工具在舞台上写上红色的"FLASH"字样，60 帧插入帧，如图 5-17 所示。

图 5-17　写上红色的"FLASH"字样

（3）新建图层 2，画一个黄色的圆形，圆形比单个字母大，如图 5-18 所示。

图 5-18　画一个黄色的圆形

（4）在图层 2 的第 1 帧创建传统补间，将黄色的圆形移动到舞台左边的后台，60 帧插入关键帧，将黄色的圆移动到舞台右边的后台。形成黄色的圆形从舞台的左边移动到舞台右边的补间动画。

（5）选择图层 2 后单击鼠标右键，在弹出的快捷菜单里选择"遮罩层"，图层 2 变为遮罩层，图层 1 自动变为被遮罩层。

（6）选择图层 2 的所有帧，单击鼠标右键，选择"复制帧"命令。

（7）新建图层 3，在第 1 帧粘贴帧。删除多出来的 61~120 帧，把图层 3 转换为普通层，并移到图层 1 的下面。

（8）测试影片，可以看到探照灯的效果，如图 5-19 所示。

图 5-19　探照灯的效果

### 5.7.2　引导层动画实例

让元件按照设定的路径运动。路径放在引导层上，元件放在被引导层上。所以，引导层动画至少需要两层：引导层和被引导层。

引导层所绘制的引导线必须是连贯的路径，不能是虽然连在一起但是断断续续的线条。而且元件在闭合的路径里沿最短路径运动。下面来完成一个简单的引导层动画。

（1）新建 Flash 文档，设置帧频为 12，舞台尺寸为 550×400，舞台背景颜色为淡蓝色。

（2）在第 1 层的第 1 帧绘制一颗红色的五星。

（3）新建图层 2，用铅笔工具选择平滑的线条，在舞台上随意画一条连续的曲线，画好后选择画好的线条，用选项里面的平滑工具再平滑下，如图 5-20 所示。

图 5-20　在舞台上画一曲线

（4）在图层 2 的 60 帧插入帧，选中图层 2 单击鼠标右键，在弹出的快捷菜单中选择"引导层"命令，拖动图层 1 到图层 2 上，松开鼠标，将图层 1 添加为被引导层。添加成功后，图层的状态面板如图 5-21 所示。

图 5-21　图层的状态面板

（5）在图层 1 的第 1 帧创建传统补间，将星星移到线条的起点附近，五星的中心和线条上的某点重合。在图层 2 的第 60 帧插入关键帧，将星星移到线条的终点附近。

（6）测试影片，可以看到五星沿着绘制的线条路径飞行。

### 5.7.3　骨骼动画的创建

反向运动（IK）是一种使用骨骼的有关结构对一个对象或彼此相关的一组对象进行动画处理的方法。使用骨骼工具，只需要做很少的设计工作，就可以使元件实例和形状对象按照复制而自然的方式移动。

在 Flash CS5 中，通过骨骼系统和反向运动工具可以为一系列元件添加骨骼，将实例与其他实例连接在一起，用关节连接一系列元件实例。在一个骨骼移动时，与运动的骨骼相关的其他连接骨骼也会移动。使用反向运动进行动画处理时，只需要指定对象的开始位置和结束位置，就可以创建出自然的运动。下面来制作一个骨骼的跑步动画。

（1）创建 Flash 文档，如图 5-22 所示，选择 ActionScript 3.0 文档，单击【确定】按钮。

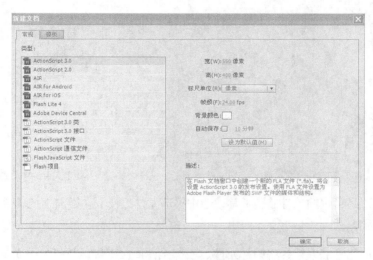

图 5-22　"新建文档"对话框

（2）选择椭圆工具，黑色边框，蓝色填充色，在舞台上绘制一个圆形，作为人物的头，如图 5-23 所示。

（3）选中绘制的圆形，单击鼠标右键选择"转换为元件"命令，将其转换为图形元件"头"。

（4）选择矩形工具，绘制一个矩形作为人物的身体，如图 5-24 所示。

图 5-23　绘制的圆形

图 5-24　绘制矩形作为人物的身体

（5）选中绘制的矩形，单击鼠标右键选择"转换为元件"命令，将其转换为图形元件"身体"。

（6）打开库面板，反复拖入"身体"元件，调整其大小和位置等，组合成人形，如图 5-25 所示。

（7）单击工具箱中的"任意变形"工具，分别选中图形元件，调整矩形元件的中心点位置到元件的顶部，效果如图 5-26 所示。

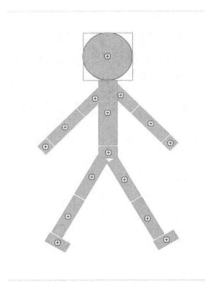 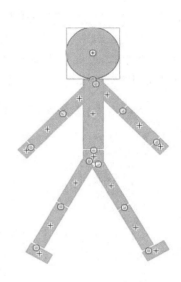

图 5-25　组合成人形　　　　　　　　图 5-26　调整矩形元件的中心点位置

（8）单击工具箱中的"骨骼"工具，选中臀部元件，按下左键向上拖动骨骼，创建如图 5-27 所示的骨骼。

（9）继续创建骨骼系统，将腿部元件、手部元件依次链接，效果如图 5-28 所示。

 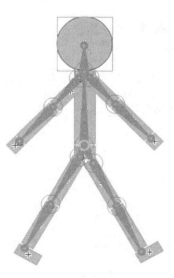

图 5-27　创建骨骼　　　　　　　　　图 5-28　创建完整的骨骼

（10）使用"选择工具"调整骨骼系统，调整成跑步姿势，如图 5-29 所示。

（11）在第 20 帧单击鼠标右键，选择"插入姿势"命令，使用选择工具调整姿势，两手和两脚姿势交换，如图 5-30 所示。

图 5-29　调整成跑步姿势　　　　　　　　　　图 5-30　调整成跑步姿势

（12）按下【Ctrl】键，选中第 1 帧的对象，单击鼠标右键，选择"复制姿势"命令，在第 40 帧单击鼠标右键，选择"插入姿势"命令，然后再单击右键，选择"粘贴姿势"命令。时间轴效果如图 5-31 所示。

图 5-31　时间轴效果

（13）保存文件并测试，可以看到跑步效果，如图 5-32 所示。

图 5-32　跑步动画测试效果

## 5.8 | Flash 基本网页动画综合实例

（1）新建 Flash 文档，设置帧频为 24，舞台尺寸为 550X400，舞台背景颜色为白色。

（2）将第 1 层改名为"背景"层，在第 1 帧选择文件菜单，导入命令，导入配套光盘/素材文件夹/项目五文件夹下的 "002"图片到舞台作为背景，如图 5-33 所示。

**图 5-33　导入图片到舞台**

（3）通过文件导入命令，将配套光盘/素材文件夹/项目五文件夹下面的"003"、"004"、"005"素材导入到库。

（4）创建新层，取名"画卷"，在第 1 帧将库面板中的画卷放入舞台，并调整大小，如图 5-34 所示。

**图 5-34　放入画卷后的舞台效果**

（5）新建"遮罩"层，在舞台的右边后台处画一矩形，如图 5-35 所示。

图 5-35　在舞台的右边后台处画一矩形

（6）在"遮罩"层的第 1 帧创建传统补间动画，选择任意变形工具，改变矩形的中心点位置到矩形的右边缘线中间，如图 5-36 所示。

（7）在"遮罩"层的第 80 帧插入关键帧，其他层第 80 帧插入普通帧。用任意变形工具，将矩形的左边拖动放大，使矩形遮满画卷，如图 5-37 所示。

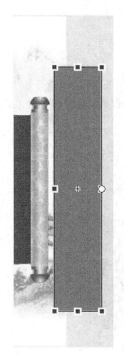

图 5-36　改变矩形的中心点位置　　　　　图 5-37　矩形放大效果图

（8）选择"遮罩"层，单击鼠标右键在弹出的快捷菜单中选择遮罩命令，将此层转为真正的遮罩层，"画卷"层自动变为被遮罩层。时间轴效果图如图 5-38 所示。

图 5-38 时间轴效果图

（9）新建层"画轴 1"，在第 1 帧将库面板中的画轴放入，并通过变形工具使其和画卷图层上右边的画轴尺寸位置相匹配。

（10）新建层"画轴 2"，将"画轴 1"的第一帧复制帧，粘贴在本层的第 1 帧，调整画轴位置在画轴 1 的左边，如图 5-39 所示。

图 5-39 调整画轴 1 的位置

（11）在"画轴 2"的第 1 帧创建传统补间，第 80 帧插入关键帧，将画轴移到画卷对应的左边位置，如图 5-40 所示。

图 5-40 调整画轴 2 的位置

（12）所有图层在第 180 帧插入帧。

（13）新建层"毛笔"，在第 80 帧插入关键帧，放入库中的毛笔元件，调整大小。创建传统补间，用任意变形工具，将毛笔的中心移动到笔尖的位置。在第 90 帧插入关键帧，将第 80 帧中的毛笔元件的 Alpha 值调为 0%，在第 180 帧插入普通帧。放入毛笔元件效果如图 5-41 所示。

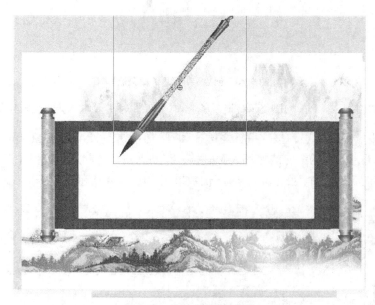

图 5-41　放入毛笔元件效果

（14）新建层"字"，在第 100 帧写上文字"飞天"，如图 5-42 所示。

图 5-42　写入文字后的舞台效果

（15）创建新层"引导层"，在第 100 帧插入关键帧，用铅笔工具，选项选择平滑的线，根据文字"飞"绘制连续的路径，如图 5-43 所示。

图 5-43 创建引导层后的舞台效果

（16）在"引导层"上单击鼠标右键，选择"引导"命令，将此层转换为真正的引导层。

（17）选中"毛笔"层，按住鼠标左键拖动到"引导层"上再松开鼠标，将其添加为被引导层。在"毛笔"层的第 100 帧插入关键帧，移动到路径的起点位置，在第 130 帧插入关键帧，将笔移动到路径终点的位置。时间轴效果图如图 5-44 所示。

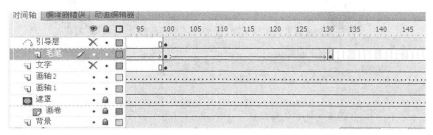

图 5-44 时间轴效果图

（18）在"引导层"的第 131 帧插入空白关键帧，在"毛笔"层的第 140 帧插入关键帧，将毛笔移动到"天"字的起笔位置。

（19）在"引导层"的第 140 帧插入关键帧，按照"天"字的笔划绘制笔的运动路径。路径绘制效果图如图 5-45 所示。

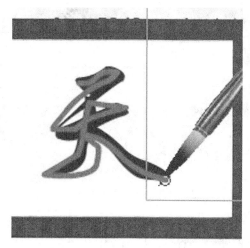

图 5-45 路径绘制效果图

（20）在"毛笔"层的第140~180帧创建传统补间，在180帧毛笔移动到路径结束位置。

（21）将"文字"层中的文字分离两次完全分离，将 100~180 帧转换为关键帧。用橡皮擦工具根据毛笔运动的路径，将文字没有写出来的部分逐帧擦除。

（22）新建层"action"，在第 180 帧插入关键帧。打开动作面板，输入命令：stop()。

（23）测试影片，可以看到完整的动画效果，如图 5-46 所示。

图 5-46　动画测试效果图

# 5.9　总结与经验积累

本章主要介绍了 Flash 软件的基本操作和相关知识内容。对于 Flash 常用的基本补间动画的制作，需要多加练习，熟练掌握。Flash 动画常由几个场景组成，而每个场景又由多个图层组成，每个图层又由多个帧组成。制作动画的过程主要是对各种帧进行编辑。

对于复杂的 Flash 动画，主要是分析动画制作的要点。只有掌握了基本的操作技巧，才能通过基本动画效果的组合和运用，形成特殊的动画效果。

# 5.10　习题

1. 有几种方法可以缩放舞台？

2. 如何隐藏和显示图层？

3．Flash 元件主要有哪些类别，它们的区别是什么？

4．制作一张 Flash 生日贺卡，动画效果参考配套光盘下"最终效果"下|"项目五"|文件夹下的生日贺卡。

操作提示：

（1）新建 Flash 文档，设置帧频为 12，舞台尺寸为 400×250，舞台背景颜色为白色。导入配套光盘下"素材"下"项目五"文件夹下面的"006"图片到舞台，居中舞台对齐，在第 250 帧插入帧，如图 5-47 所示。

图 5-47　导入图片后的舞台效果图

（2）新建图层 2，改名"字背景"，通过矩形工具绘制半透明矩形，作为文字背景。通过传统补间动画，制作 1~15 帧的背景透明度变化出现的动画效果，如图 5-48 所示。

图 5-48　绘制半透明矩形在舞台上

（3）新建图层 3，改名"字"，在第 15 帧插入关键帧，通过文字工具写上文字，并分离文字，填充渐变色。写入文字后的舞台效果如图 5-49 所示。

（4）新建图层 4，改名"遮罩"，在第 15 帧插入关键帧，通过矩形工具绘制遮罩矩形。通过创建传统补间制作矩形运动动画，再将图层转换为遮罩层，形成字一个一个地出现的遮罩动画。如图 5-50 所示。

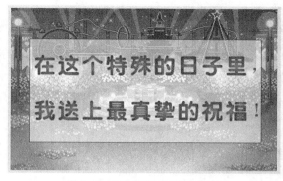
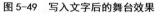

图 5-49　写入文字后的舞台效果

图 5-50　遮罩动画效果图

（5）通过创建传统补间，在"字"层和"字背景"层做 120~140 两层对象透明度由 100% 变为 0% 的动画。

（6）新建图层 5，改名"小兔 1"，在第 140 帧插入关键帧，导入配套光盘下"素材"下"项目五"文件夹下面的"007"、"009"图片到舞台。通过创建传统补间动画，制作第 140~170 帧的小兔捧着礼物出现的动画。同样，新建图层"小兔 2"，创建第 150~180 帧的小兔捧礼物出现的动画，如图 5-51 所示。

（7）新建图层，改名"字 2"，在第 180 帧插入关键帧，写上红色的文字"生日快乐！"，选中文字，转换为 MC 元件，双击进入元件编辑，通过绘制引导层，制作第 1~70 帧的文字的引导动画，如图 5-52 所示。

图 5-51　导入小兔到舞台

图 5-52　文字引导动画

（8）回到场景 1，新建图层"音乐"。导入配套光盘下"素材"下"项目五"文件夹下面的"010"音乐文件到舞台，在第 250 帧插入帧。

（9）保存文件，测试影片，可以看到动画的最终效果。

# 第6章
## Flash 交互式网页动画的创作

**本章知识重点：**

1. ActionScript 脚本语言

2. 按钮脚本动画制作

3. 帧脚本动画制作

4. 影片剪辑脚本动画制作

---

## 6.1  ActionScript 脚本语言

ActionScript 是针对 Flash Player 运行时环境的脚本语言，在 Flash 的内容和应用程序中实现交互性和数据处理等功能。

### 6.1.1  脚本语言属性设置

执行"编辑"菜单下的"首选参数"命令，打开"首选参数"对话框，选择对话框左侧选项里的 ActionScript，右边对应出现脚本语言属性设置内容，可对脚本语言属性进行设置，如图 6-1 所示。

图 6-1  "首选参数"对话框

### 6.1.2　动作面板

单击"窗口"菜单里的动作选项，或者按【F9】键都可以打开动作面板，如图 6-2 所示。

图 6-2　动作面板

### 6.1.3　影片浏览器面板

影片浏览器使您可以轻松地查看和组织文档的内容，以及在文档中选择元素进行修改。它包含当前使用的元素的显示列表，该列表显示为一个可导航的分层结构树。可以过滤在影片浏览器中显示文档中哪些类别的项目，选项包括文本、图形、按钮、影片剪辑、动作和导入的文件。可以将所选类别显示为影片元素（场景）、元件定义，或者二者都显示。可以展开和折叠导航树。

影片浏览器提供了许多功能，从而使创建影片的工作流更为流畅。例如，可以使用影片浏览器执行以下任务：通过名称搜索文档中的元素；使自己熟悉其他开发人员创建的 Flash 文档的结构；查找特定元件或动作的所有实例；用一种字体全部替换文档中的另一种字体；

将所有文本复制到剪贴板，再粘贴到外部文本编辑器中进行拼写检查；打印当前在影片浏览器中显示的可导航显示列表。

影片浏览器有一个选项菜单和一个上下文菜单，其中的选项用于对所选项目执行操作或修改影片浏览器显示。选项菜单由影片浏览器的标题栏中下面带有三角形的复选标记表示，如图 6-3 所示。

图 6-3　影片浏览器面板

# 6.2 按钮脚本动画制作

## 6.2.1 按钮元件

在 Flash 动画制作中，经常会使用到元件，而元件种类有 3 种，分别是图形元件、按钮元件和影片剪辑元件。按钮元件是 Flash 影片中创建互动功能的重要组成部分。使用按钮元件，可以在影片中响应鼠标单击、滑过或其他动作，然后将响应的事件结果传递给互动程序进行处理。

按钮元件实际上是 4 帧的交互影片剪辑，它只对鼠标动作做出反应，用于建立交互按钮。当新创建一个按钮元件后，在图库中双击此按钮元件，切换到按钮元件的编辑版面，此时，时间轴上的帧数将会自动转换为"弹起"、"经过"、"按下"和"点击"4 帧。用户通过对这 4 帧的编辑，从而达到鼠标动作图片做出相应反应的动画效果。按钮元件在使用时，必须配合动作代码，才能响应事件的结果。用户还可以在按扭元件中嵌入影片剪辑，从而编辑出变换多端的动态按钮。

按钮元件的 4 帧时间轴如图 6-4 所示。

图 6-4　按钮元件的 4 帧时间轴

## 6.2.2 利用按钮库编辑按钮动画

（1）打开按钮实例 1 文件夹下的探照灯文件，在原来图层的最上方新建图层 4，在第 1 帧添加动作脚本"stop();"。

（2）新建层 5，删除第 1 帧后面的帧。通过"窗口"→"公用库"→"按钮"菜单命令，打开公用按钮库，选择其中一个按钮，放入舞台，如图 6-5 所示。

（3）选中舞台上的按钮，单击鼠标右键，选择动作命令，打开动作面板，给按钮添加动作"on (press) {gotoAndPlay(2);}"。动作面板效果图如图 6-6 所示。

图 6-5　公用按钮库面板

图6-6 动作面板效果图

（4）测试影片，可以看到单击按钮，动画才开始播放的效果。

### 6.2.3 自定义按钮动画实例

（1）新建 Flash 文档，设置帧频为 24，舞台尺寸为 550×400，舞台背景颜色为深蓝色。

（2）新建图形元件"圆"，绘制一个黄色的圆形。

（3）插入新建元件，选择按钮类型，取名"隐形按钮"，再点击帧插入关键帧，放入图形元件"圆"。

（4）新建 MC 元件"圆变"，在第 1 帧放入按钮元件"隐形按钮"。在第 2 帧放入图形元件"圆"，打开洋葱皮工具，将其与第 1 帧的按钮重合。在第 2 帧处单击鼠标右键创建传统补间，在 60 帧插入关键帧，将 60 帧的圆放大，并将 Alpha 值变为 0%，这样就创建了 2～60 帧的圆变大消失的补间动画。

（5）在第 1 帧添加动作 stop()，单击隐形按钮选中按钮，添加按钮动作 on (rollOver){gotoAndPlay(2);}

（6）回到场景 1，反复调用 MC 元件布满整个舞台，如图 6-7 所示。

（7）测试影片，可以看到鼠标移过的地方，出现黄色的圆变大消失的动画，如图 6-8 所示。

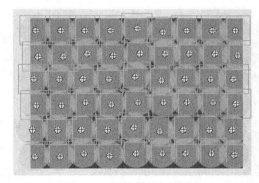

图6-7 元件布满舞台效果图

图6-8 动画测试效果

# 6.3

## 帧脚本动画制作

### 6.3.1　帧动作

所谓的"帧动作"，就是 Flash 影片在播放到该帧时应该进行什么样的操作，如跳转、停止和重复等。如果要对某一帧添加动作，必须使该帧成为关键帧。如果该帧已经为关键帧，就不要对它进行转换了。

### 6.3.2　帧脚本动画实例

（1）新建 Flash 文档，设置帧频为 12，舞台尺寸为 550×400，舞台背景颜色为深蓝色。

图 6-9　绘制红心

（2）创建 MC 元件，绘制一个红色的心，如图 6-9 所示。

（3）创建 MC 元件"heart"，放入绘制好的红心在舞台的中央，在 1 帧创建传统补间，将红心的大小调为 1,1。在 15 帧插入关键帧，将红心放大，Alpha 调为 0%，这样就建成了红心放大消失的补间动画。

（4）回到场景 1，在第 1 帧放入 MC 元件"heart"，在属性面板的实例名称位置取名为 heart。

（5）新建层 2，取名为"Action"，在第 1 帧加脚本：startDrag("heart", true)。

（6）测试影片，可以看到变化的红心跟随鼠标的效果。

（7）在第 1 帧脚本的后面再加上语句：Mouse.hide()。测试影片，可以看到鼠标被隐藏，变化的红心代替了鼠标的效果。动作面板效果图如图 6-10 所示。

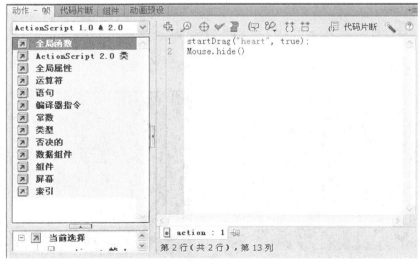

图 6-10　动作面板效果图

# 6.4 影片剪辑脚本动画制作

## 6.4.1 影片剪辑脚本动画

在 Flash 中，除了利用场景、帧控制脚本实现对动画播放状态的简单控制外，还可利用影片剪辑控制脚本对影片剪辑的属性进行设置。在 Action 脚本的实际应用中，影片剪辑控制脚本是除场景、帧控制脚本外，最常用的一类脚本。

## 6.4.2 影片剪辑脚本实例

（1）新建 Flash 文档，设置帧频为 12，舞台尺寸为 550×400，舞台背景颜色为白色。

（2）选择刷子工具，在舞台上绘制衣服的图案，并填充颜色，如图 6-11 所示。

（3）选中所绘制的衣服中间的填充色，单击鼠标右键，将其转换为影片剪辑元件，取名为"衣服"，打开属性面板，在属性面板将实例名取名为"yf_mc"，如图 6-12 所示。

图 6-11 绘制衣服图案          图 6-12 "属性"对话框

（4）新建图层 2，选择多角星形工具，在衣服上绘制星星图案，如图 6-13 所示。

（5）选择绘制的星星，单击鼠标右键，将其转换为 MC 元件，取名"星星"，打开属性面板，在属性面板将此实例取名为"xx_mc"，如图 6-14 所示。

图 6-13 在衣服上绘制星星图案          图 6-14 属性面板

（6）新建图层 3，在第 1 帧调入库中的 MC 元件"衣服"，选中图层 3 第 1 帧的图像，单击鼠标右键，选择分离命令，将图像完全分离，选中图层 3 将其转换为遮罩层。时间轴效果图如图 6-15 所示。

图 6-15　时间轴效果图

（7）执行"插入"菜单下的"新建元件"命令，创建按钮元件"红色"，在弹起帧绘制一个红色的矩形，在按下帧插入帧，创建一个红色矩形按钮。采用同样的方法创建"绿色"、"蓝色"、"白色"矩形按钮。

（8）执行"插入"菜单下的"新建元件"命令，创建按钮元件"放大"，在弹起帧绘制放大按钮的初始状态，在指针经过帧插入关键帧，修改指针经过帧按钮的颜色，在按下帧插入帧，创建一个放大按钮。

（9）打开库面板，选中"放大"按钮，单击鼠标右键，在弹出的快捷菜单中选择"直接复制"命令，在弹出的直接复制对话框中，将按钮名字修改为"缩小"，单击【确定】按钮。然后在库面板中双击【缩小】按钮，进入编辑，将弹起，和指针经过帧中的文字修改为缩小。用同样的方式制作出"左移"和"右移"按钮。

（10）回到场景 1，新建图层 4，输入文字，并将库中的 8 个按钮放入舞台，如图 6-16 所示。

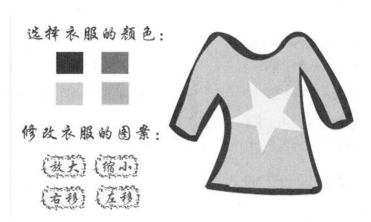

图 6-16　舞台效果图

（11）选择黑色按钮，单击鼠标右键，打开动作面板，添加以下动作：

on (release) {yfcolor=new Color(yf_mc);yfcolor.setRGB(0x000000);}

（12）选择红色按钮，单击鼠标右键，打开动作面板，添加以下动作：

on (release) {yfcolor=new Color(yf_mc);yfcolor.setRGB(0xFF0000);}

（13）选择蓝色按钮，单击鼠标右键，打开动作面板，添加以下动作：

on (release) {yfcolor=new Color(yf_mc);yfcolor.setRGB(0x00FFFF);}

（14）选择绿色按钮，单击鼠标右键，打开动作面板，添加以下动作：

on (release) {yfcolor=new Color(yf_mc);yfcolor.setRGB(0x00FF00);}

（15）选择放大按钮，单击鼠标右键，打开动作面板，添加以下动作来放大衣服上的星星图案：

on (release) {xx_mc._xscale=xx_mc._xscale+3;xx_mc._yscale=xx_mc._yscale+3;}

（16）选择缩小按钮，单击鼠标右键，打开动作面板，添加以下动作来缩小衣服上的星星图案：

on (release) {xx_mc._xscale=xx_mc._xscale-3;xx_mc._yscale=xx_mc._yscale-3;}

（17）选择左移按钮，单击鼠标右键，打开动作面板，添加以下动作来左移衣服上的星星图案：

on (release) {xx_mc._x=xx_mc._x-3;}

（18）选择右移按钮，单击鼠标右键，打开动作面板，添加以下动作来右移衣服上的星星图案：

on (release) {xx_mc._x=xx_mc._x+3;}

（19）测试影片，单击对应的按钮可以看到最终的交互效果。

# 6.5　Flash 交互式网页动画实例

Flash 制作的网页，动态感强，并具备交互性。在制作网页前，也应该首先对网页进行平面设计，对网站整个结构进行规划。下面来制作一个展示个人摄影作品的 Flash 网站。

## 6.5.1　制作 Logo 及导航按钮

（1）打开本书配套光盘"素材"下"项目六"文件夹下的"001"文件，新建 MC 元件"Logo"。将库里面的 Logo 图片素材放入舞台中心对齐，分离图片。

（2）选择矩形工具，设置属性面板中的圆角半径为 10，无填充色，在图片中绘制圆角矩形，然后将圆角矩形和外面部分的图片删除掉，调整图片大小为 490×80，如图 6-17 和图 6-18 所示。

（3）新建图层 2，输入文本"个人摄影作品"，在属性面板添加投影滤镜美化文字，如图 6-19 所示。

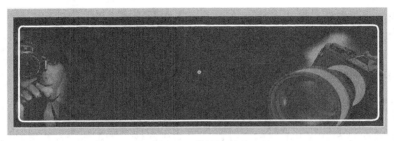

图 6-17　绘制矩形后

图 6-18　删除边缘调整大小后

图 6-19　添加文字效果

（4）新建 MC 元件"关于作者"，导入库中的素材 button，放在舞台中心位置，分离图片，在上面绘制线条和文字，形成按钮形状，在第 1 帧创建传统补间，在第 6、11 帧插入关键帧，在第 6 帧将整个图形右移 8 个像素左右。图像和时间轴效果如图 6-20 所示。

图 6-20　图像和时间轴效果

（5）用同样的方法创建其他 5 个 MC 元件"主页"、"作品简介"、"作品展示"、"加入联盟"和"联系方式"。

（6）新建 MC 元件，取名"下张图片"，拖入库中的素材图片 next，分离图片，在上面加入文字"下一张"，在第 1 帧创建传统补间，在第 5、10 帧插入关键帧，把第 5 帧的图像整体向右移动大概 8 个像素。图像和时间轴效果如图 6-21 所示。

图 6-21　图像和时间轴效果

### 6.5.2 制作主页

（1）新建 MC 元件"首页动画"，从库中拖入图片 1，居中舞台。

（2）在第 1 帧创建传统补间，在第 5 帧、第 10 帧插入关键帧。将第 1 帧的图片缩约 10%，亮度调为 100%，第 5 帧图片的亮度调为 100%。

（3）在第 11 帧创建空白关键帧，从库中拖入图片 2，居中舞台，创建传统补间动画，在 15 帧、20 帧插入关键帧。将第 11 帧的图片缩小为大概 10%，亮度调为 100%，第 15 帧图片的亮度调为 100%。

（4）采用同样的方法，在 21 帧-25 帧-30 帧做图片 3 的补间动画；在 31 帧-35 帧-40 帧做图片 4 的补间动画；在 41 帧-45 帧-50 帧做图片 5 的补间动画；在 51 帧-55 帧-60 帧做图片 6 的补间动画。时间轴效果如图 6-22 所示。

图 6-22 时间轴效果

（5）新建图层 2，在第 10、20、30、40、50、60 帧建立关键帧，分别添加脚本：stop();。添加脚本后的时间轴如图 6-23 所示。

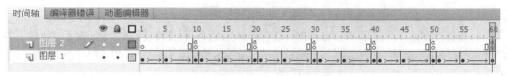

图 6-23 添加脚本后的时间轴

（6）新建图层 3，在第 2、12、22、32、42、52 帧插入关键帧，分别调入库面板中的声音元件"翻页"。添加声音后的时间轴如图 6-24 所示。

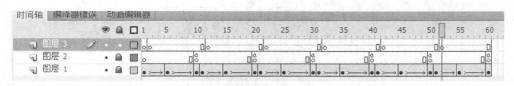

图 6-24 添加声音后的时间轴

（7）参照"首页动画"的方式，创建新 MC 元件"子页动画"，运用库中的素材图片 7～12。

（8）新建按钮元件"button1"，在弹起帧拖入库中的素材 butt1，将舞台显示比例调为 800%，在指针经过帧插入关键帧，把素材箭头向右移动大概 50 像素。在按下帧插入帧，单击帧插入关键帧，在箭头左边绘制一个长条矩形，增加按钮的有效范围，如图 6-25 所示。

（9）新建按钮元件"button2"，在弹起帧拖入库中的素材 butt2，将舞台显示比例调为 800%，在指针经过帧插入关键帧，把素材箭头向左移动大概 50 像素。在按下帧插入帧，单击帧插入关键帧，在箭头右边绘制一个长条矩形，增加按钮的有效范围，如图 6-26 所示。

图 6-25　舞台效果图

图 6-26　舞台效果图

### 6.5.3　制作子页

（1）打开库面板中的 MC 元件"各子页"，第 1 帧为"作品简介"，第 10 帧为"作品展示"，第 20 帧为"加入联盟"，第 30 帧为"联系方式"，新建层 2，选中矩形工具，绘制边框为透明，填充色为#EEE8E0 的矩形，矩形大小能将各子页全部遮挡住。

（2）在图层 2 的第 5 帧和第 9 帧插入关键帧，将第 5 帧的矩形高度设为 1，处于最上面。在第 6 帧插入关键帧，建立 1～5，6～9 的形状补间动画。

（3）复制图层 2 的 1～9 帧，粘贴到第 10、20、30 帧处，删除 38 帧以后多出来的帧。时间轴效果图如图 6-27 所示。

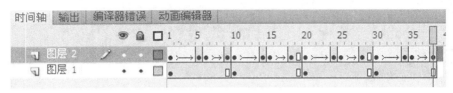

图 6-27　时间轴效果图

（4）新建图层 3，在第 6、15、25、35 帧分别插入关键帧，添加"stop();"命令。在第 10、20、30 帧分别插入关键帧，添加命令"gotoAndPlay(_root.spp);"。时间轴效果图如图 6-28 所示。

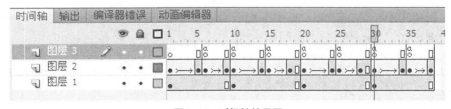

图 6-28　时间轴效果图

（5）新建图层 4，在第 2、11、21、31 帧分别插入关键帧，选中帧，在属性面板上依次设帧标签为 sp1、sp2、sp3、sp4。时间轴效果图如图 6-29 所示。

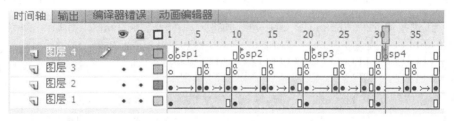

图 6-29　时间轴效果图

#### 6.5.4　动画制作

（1）回到场景 1，在第 1 帧拖入库面板中的素材 "bg"，放在舞台中央偏右一点的位置。创建传统补间，在第 7 帧插入关键帧，将第 1 帧的图片移动到与舞台左对齐的位置，Alpha 设为 0%，第 50 帧插入关键帧，将 bg 图片向左移动到适当位置。

（2）新建图层 2，在第 15 帧插入关键帧，放入库中的 MC 元件 Logo，放到 bg 图片的左上方。选中 Logo 图片，将其属性面板中的混合选项选为 "正片叠底"。

（3）在第 20、25 帧分别插入关键帧，创建传统补间，将第 15 帧的图片缩小为大概 10%，亮度调为 70%，将第 20 帧的图片亮度调为 70%。在第 50 帧插入关键帧。

（4）新建图层 3、4、5、6、7，在这些层的第 14 帧都插入关键帧，拖入 MC 元件 "主页"、"作品简介"、"作品展示"、"加入联盟"、"联系方式"，在舞台上对齐排列。舞台效果图如图 6-30 所示。

图 6-30　舞台效果图

（5）在层 3 到层 7 的第 23 帧都插入关键帧，将这 5 个图层的对象在第 14 帧都向右移动 10 个像素左右。建立 14～23 帧的传统补间动画，然后将层 4 到层 7 的动画帧依次向后移动两帧，层 4 到层 7 的第 50 帧都插入关键帧。时间轴效果图如图 6-31 所示。

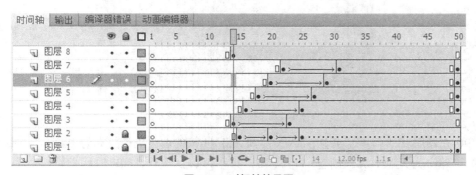

图 6-31　时间轴效果图

（6）新建图层 8，在第 14 帧插入关键帧，从库中拖出 MC 元件"下张图片"放到舞台上，如图 6-32 所示。

图 6-32　添加"下一张"元件后的舞台效果图

（7）新建图层 9，在第 23 帧插入关键帧，从库中拖出 MC 元件"首页动画"到舞台，给实例取名为 ph。

（8）在图层 9 的第 41 帧插入空白关键帧，选择矩形工具，绘制一个比首页动画大的无边框白色矩形，如图 6-33 所示。

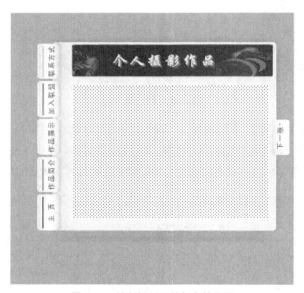

图 6-33　绘制矩形后的舞台效果图

（9）在图层 9 的第 44、49 帧插入关键帧。将 44 帧的白色矩形放大为 106%，将 49 帧的白色矩形缩小为大概 10%，创建 41～44 帧，44～49 帧的形状补间动画。

（10）在图层 9 的第 50 帧插入空白关键帧，从库中拖出 MC 元件"子页动画"到舞台，实例名也取为 ph，如图 6-34 所示。

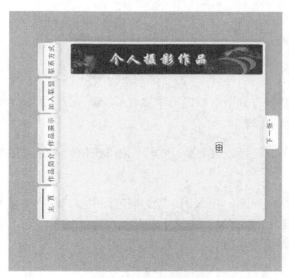

图 6-34　添加"子页动画"后的舞台效果图

（11）新建图层 10，在第 50 帧插入关键帧，从库中拖出 MC 元件"各子页"到舞台，给实例取名为 sp，如图 6-35 所示。

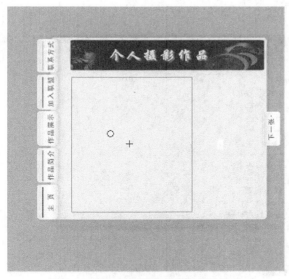

图 6-35　添加"各子页"后的舞台效果图

### 6.5.5　脚本编写

（1）从库中找到 MC 元件"主页"，双击打开，新建图层 2，在第 1 帧，第 6 帧插入关键帧，添加"stop();"命令。新建图层 3，在第 2 帧插入关键帧，导入声音元件"按钮声"。新建图层 4，在第 7 帧插入关键帧，在属性面板给此帧添加帧标签"go"。时间轴效果图如图 6-36 所示。

图 6-36　时间轴效果图

（2）参照上面的步骤，分别给 MC 元件"加入联盟"、"联系方式"、"作品简介"、"作品展示"添加相同的内容。

（3）插入新建元件，选择按钮类型，取名"隐形按钮"，在点击帧插入关键帧，绘制一个矩形。

（4）从库中找到 MC 元件"下张图片"，新建图层 2，在第 1 帧添加"stop();"命令。新建图层 3，在第 6 帧插入关键帧，帧标签改为 go。新建图层 4，从库中拖出"隐形按钮"，调整其大小，给隐形按钮添加脚本：

```
on (release)
{
    _root.ph.play();
    gotoAndPlay(2);
}
```

动作面板效果图如图 6-37 所示。

图 6-37　动作面板效果图

（5）返回场景 1，新建层 11，在第 30 帧插入关键帧，添加"stop();"命令，在第 36 帧插入关键帧，添加"a=false;stop();"命令。

（6）新建层 12，在第 4 帧插入关键帧，从库面板拖出"背景音"放入。在属性面板调整音乐自定义效果。

（7）新建层 13，在第 35 帧插入关键帧，在属性面板添加帧标签为 start，在第 39 帧插入关键帧，在属性面板添加帧标签为 sp_start。

（8）选中图层 3 第 23 帧上的"主页"按钮，打开动作面板，给它添加脚本：

```
on (rollOver)
{    this.gotoAndPlay(2);}
on (rollOut, dragOut)
{    this.gotoAndPlay("go");}
on (release)
{    if (_root.spp == "sp0") {  }
    else
    {   _root.gotoAndPlay("start");
        _root.spp = "sp0";
    }
}
```

动作面板效果图如图 6-38 所示。

图 6-38　动作面板效果图

（9）选中图层 4 第 25 帧上的"作品简介"按钮，打开动作面板，给它添加脚本：

```
on (rollOver)
{    this.gotoAndPlay(2);
}
on (rollOut, dragOut)
{    this.gotoAndPlay("go");
}
on (release)
{    if (!_root.a)
    {   _root.spp = "sp1";
        _root.gotoAndPlay("sp_start");
    }
}
```

动作面板效果图如图 6-39 所示。

图 6-39　动作面板效果图

（10）选中图层 5 第 27 帧上的"作品展示"按钮，打开动作面板，给它添加脚本：

```
on (rollOver)
{   this.gotoAndPlay(2);
}
on (rollOut, dragOut)
{   this.gotoAndPlay("go");
}
on (release)
{   if (!_root.a)
    {   _root.spp = "sp2";
        _root.gotoAndPlay("sp_start");
    }
}
```

动作面板效果图如图 6-40 所示。

图 6-40　动作面板效果图

（11）选中图层 6 第 27 帧上的"加入联盟"按钮，打开动作面板，给它添加脚本：

```
on (rollOver)
{   this.gotoAndPlay(2);
}
on (rollOut, dragOut)
{   this.gotoAndPlay("go");
}
on (release)
{   if (!_root.a)
    {   _root.spp = "sp3";
        _root.gotoAndPlay("sp_start");
    }
}
```

动作面板效果图如图 6-41 所示。

图 6-41  动作面板效果图

（12）选中图层 7 第 31 帧上的"作品简介"按钮，打开动作面板，给它添加脚本：

```
on (rollOver)
{   this.gotoAndPlay(2);
}
on (rollOut, dragOut)
{   this.gotoAndPlay("go");
}
on (release)
{   if (!_root.a)
    {   _root.spp = "sp4";
        _root.gotoAndPlay("sp_start");
    }
}
```

动作面板效果图如图 6-42 所示。

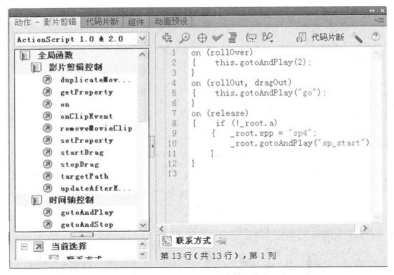

图 6-42　动作面板效果图

（13）在图层 11 的第 50 帧添加关键帧，加入脚本：

```
_root.sp.gotoAndPlay(_root.spp);
a = true;
stop();
```

动作面板效果图如图 6-43 所示。

图 6-43　动作面板效果图

（14）给图层 4 的第 50 帧 mc 对象添加脚本：

```
on (rollOver)
{    this.gotoAndPlay(2);
}
on (rollOut, dragOut)
{    this.gotoAndPlay("go");
}
```

```
    on (release)
{   if (_root.spp == "sp1")
    {
    }
    else
    {   _root.spp = "sp1";
        _root.sp.play();
    }
}
```

动作面板效果图如图 6-44 所示。

图 6-44　动作面板效果图

（15）给图层 5 的第 50 帧 mc 对象添加脚本：

```
on (rollOver)
{   this.gotoAndPlay(2);
}
on (rollOut, dragOut)
{   this.gotoAndPlay("go");
}
on (release)
{   if (_root.spp == "sp2")
    {
    }
    else
    {   _root.spp = "sp2";
        _root.sp.play();
    }
}
```

动作面板效果图如图 6-45 所示。

图 6-45　动作面板效果图

（16）给图层 6 的第 50 帧 mc 对象添加脚本：

```
on (rollOver)
{   this.gotoAndPlay(2);
}
on (rollOut, dragOut)
{   this.gotoAndPlay("go");
}
on (release)
{   if (_root.spp == "sp3")
    {
    }
    else
    {   _root.spp = "sp3";
        _root.sp.play();
    }
}
```

动作面板效果图如图 6-46 所示。

图 6-46　动作面板效果图

（17）给图层 7 的第 50 帧 mc 对象添加脚本：

```
on (rollOver)
{    this.gotoAndPlay(2);
}
on (rollOut, dragOut)
{    this.gotoAndPlay("go");
}
on (release)
{    if (_root.spp == "sp4")
    {
    }
    else
    {    _root.spp = "sp4";
        _root.sp.play();
    }
}
```

动作面板效果图如图 6-47 所示。

图 6-47　动作面板效果图

（18）新建层 14，在第 4 帧插入关键帧，拖入库中的音乐素材"沉思曲"，设置同步属性为开始。时间轴效果图如图 6-48 所示。

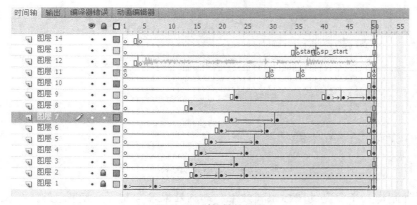

图 6-48　时间轴效果图

（19）测试影片。动画测试效果如图 6-49 所示。

图 6-49　动画测试效果

## 6.6　总结与经验累积

通过本章的学习，读者已经基本掌握了 ActionScript 的使用方法。利用 ActionScript 制作动画，可以使动画精确地按照设计者的意图进行播放，还可以利用 ActionScript 的一些函数和组合，来设计一些巧妙的交互，提高动画作品的趣味性和艺术性，实现非常精彩的动画效果。

## 6.7　习题

1. 什么叫动作脚本？

2. 动作脚本中有哪些术语？

3. 设计一个交互的按钮，以控制动画播放的效果。

4. 设计制作一个漂亮的鼠标跟随效果，动画效果参考配套光盘下最终效果文件夹|项目

六|漂亮的鼠标跟随。动画测试效果图如图 6-50 所示。

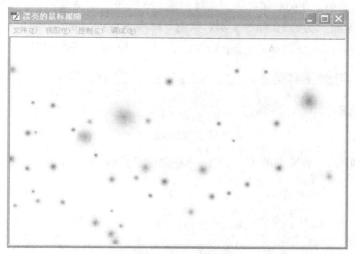

图 6-50　动画测试效果图

操作提示：

（1）新建 Flash 文档，设置帧频为 12，舞台尺寸为 400×250，舞台背景颜色为白色。插入新建 MC 元件"圆变色"，用椭圆工具，通过设置颜色面板，绘制蓝色圆形，如图 6-51 所示。

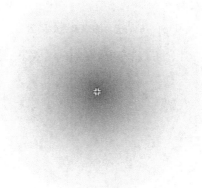

图 6-51　绘制蓝色圆形

（2）创建形状补间动画 1～10 帧，由蓝色大圆变为红色小圆，10～20 帧，由红色小圆变为绿色大圆。时间轴效果图如图 6-52 所示。

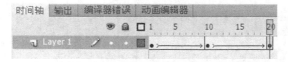

图 6-52　时间轴效果图

（3）插入新建按钮元件"隐形按钮"，在点击帧绘制任意大小颜色的圆形。

（4）插入新建元件 MC"圆形落下"，在第 1 帧放入库中的"隐形按钮"，并在第 1 帧添加 Stop（）；命令。在第 2 帧插入关键帧，放入 MC 元件"圆变色"，创建传统补间，在第 50 帧插入关键帧。将第 50 帧的实例对象向下移动，并将 Alpha 值调为 0%，给第 1 帧的隐形按钮添加脚本：on (rollover) {gotoAndPlay(2);}。时间轴效果图如图 6-53 所示。

图 6-53　时间轴效果图

（5）回到场景 1，将库中的 MC 元件"圆形落下"反复拖入舞台，改变其大小和位置，如图 6-54 所示。

图 6-54　元件布满舞台效果图

（6）保存文件通过测试影片，可以看到最终的动画效果。

# 第7章
## Dreamweaver 静态基本页面的制作

**本章知识重点：**

1. Dreamweaver 基本概念

2. Dreamweaver 基本工作环境

3. Dreamweaver 基本操作

4. Dreamweaver 静态网页的制作

## 7.1　Dreamweaver 基本概念

Macromedia Dreamweaver 是一款专业的网页设计软件，它采用所见即所得的方式将可视布局工具、应用程序开发功能和代码编辑支持组合在一起，使得各个层次的开发人员和设计师都能够快速创建基于标准的网站和应用程序。它针对专业网页设计师进行视觉化网页开发工作而特别设计，利用它可以轻而易举地制作出跨越平台限制和跨越浏览器限制的充满动感的网页。

对 Dreamweaver 进行学习之前，需要先了解一下 HTML 以及网页编辑器的发展过程。

HTML 是由 HTML 命令组成的描述性文本，是用来制作网页的一种计算机语言，和所有语言一样，它也有特定的语法规则和表达方式。HTML 可以说明文字、图形、动画、声音、表格和链接等。HTML 的结构包括头部 (Head) 和主体(Body)两大部分。头部描述浏览器所需的信息，主体包含所要说明的具体内容。( HTML 基本概念请参阅 7.3.3 节 )

一般来讲，使用纯 HTML 来编写的，不需要服务器支持就可以直接在浏览器中运行的页面属于静态页面；需要服务器支持，能够动态更新或者能为访问者提供交互功能的页面为动态页面。本章主要讲授以静态页面制作为主的网页美工设计。

随着互联网的日益普及，HTML 技术也在不断发展和完善，随之而产生了众多的网页编辑器。网页编辑器可以分为所见即所得网页编辑器和非所见即所得网页编辑器（原始代码编辑器），两者各有特点。所见即所得网页编辑器是当今网页设计领域的发展趋势。它的优点是直观性，使用方便，容易上手，可以非常直观地进行网页制作，而不用过多考虑后台 HTML 源代码的编辑。Dreamweaver 就是一种十分优秀的所见即所得网页编辑器。由于这种网页编辑方式的优点，它十分适合进行网页美工设计，即以网页页面的视觉效果为主要工作内容，符合规范的页面源代码则由网页编辑器生成。图 7-1 所示为 Dreamweaver CS5 的启动画面。

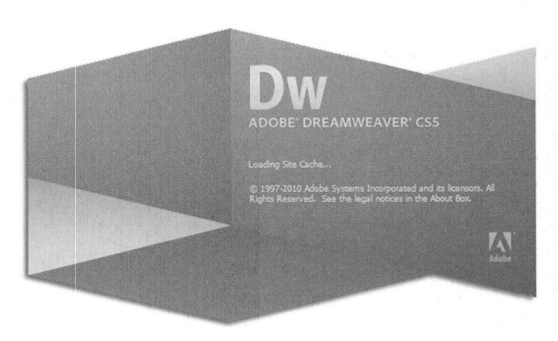

图 7-1　Dreamweaver CS5 的启动画面

　　用 Dreamweaver 进行网页美工设计还具有以下优点：无论您是愿意手工编写 HTML 代码，还是习惯在可视化的网页编辑环境中进行工作，Dreamweaver 都是一个非常高效、实用的工具，而在可视化网页编辑环境中工作，用户可以快速地创建网页，而不用编写任何代码；Dreamweaver 具有完善的站点管理功能，使用站点地图可以快速制作网站雏形、设计、更新和重组网页，与其他 Adobe 公司的设计软件具有高度的兼容性。

# 7.2　Dreamweaver 基本工作环境

## 7.2.1　工作环境

Dreamweaver 工作于 Windows 操作系统下，对计算机硬件的最低系统要求如下：

Intel Pentium 4 或 AMD Athlon 64 处理器；

Microsoft Windows XP(带有 Service Pack 2，推荐 Service Pack 3);Windows Vista Home Premium、Business、Ultimate 或 Enterprise(带有 Service Pack 1);或 Windows 7；

512 MB 内存;

1GB 可用硬盘空间用于安装;安装过程中需要额外的可用空间(无法安装在基于闪存的可移动存储设备上);

1280×800 屏幕，16 位显卡;

DVD-ROM 驱动器;

在线服务需要宽带 Internet 连接。

Dreamweaver CS5 的工作界面如图 7-2 所示。

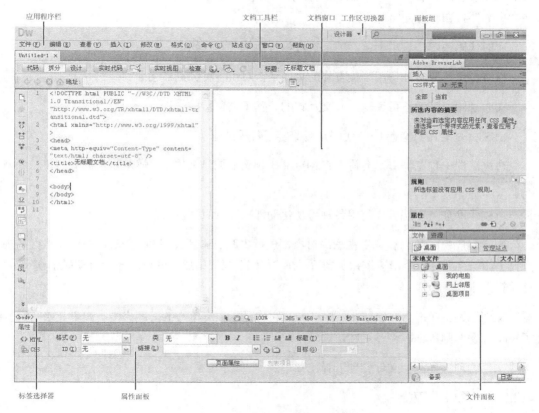

图 7-2 Dreamweaver CS5 的工作界面

## 7.2.2 工具栏

使用文档工具栏中包含的按钮，可以在文档的不同视图之间快速切换。工具栏中还包括一些与查看文档、在本地和远程站点间传输文档有关的常用命令和选项。图 7-3 所示为展开的文档工具栏。

图 7-3 展开的"文档"工具栏

A—显示代码视图 B—显示代码视图和设计视图 C—显示设计视图 D—实时代码视图

E—检查浏览器兼容性 F—实时视图 G—CSS 检查模式 H—在浏览器中预览/调试 I—可视化助理 J—刷新设计视图 K—文档标题 L—文件管理

"文档"工具栏中的各选项的具体含义如下。

显示代码视图：只在"文档"窗口中显示"代码"视图。

显示代码视图和设计视图：将"文档"窗口拆分为"代码"视图和"设计"视图。当选择了这种组合视图时，"视图选项"菜单中的 "顶部的设计视图 "选项变为可用。

显示设计视图：只在"文档"窗口中显示"设计"视图。如果处理的是 XML、JavaScript、Java、CSS 或其他基于代码的文件类型，则不能在"设计"视图中查看文件，而且"设计"和"拆分"按钮将会变暗。

实时代码视图：显示浏览器用于执行该页面的实际代码。

检查浏览器兼容性：用于检查您的页面是否对于各种浏览器均兼容。

实时视图：显示不可编辑的、交互式的、基于浏览器的文档视图。

CSS 检查模式：检查 CSS 代码是否兼容于各种浏览器。

在浏览器中预览/调试：允许您在浏览器中预览或调试文档。从弹出的菜单中选择一个浏览器。

可视化助理：使您可以使用各种可视化助理来设计页面。

刷新设计视图:在"代码"视图中对文档进行更改后刷新文档的"设计"视图。执行某些操作（如保存文件或单击该按钮）之后，在"代码"视图中所做的更改才会自动显示在 "设计"视图中。

文档标题：允许为文档输入一个标题，它将显示在浏览器的标题栏中。如果文档已经有了一个标题，则该标题将显示在该区域中。

文件管理：显示"文件管理"弹出菜单。

### 7.2.3 "属性"面板

"属性"面板用于显示和编辑当前选定页面元素 （如文本和插入的对象）的最常用属性。"属性"面板中的内容根据选定的元素会有所不同。例如，如果您选择页面上的一个图像，则"属性"面板将改为显示该图像的属性 （如图像的文件路径、图像的宽度和高度、图像周围的边框（如果有）等）。

默认情况下，"属性"面板位于工作区的底部边缘，但是可以将其取消停靠，并使其成为工作区中的浮动面板，如图 7-4 所示。

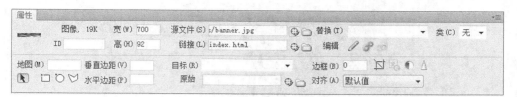

图7-4 　"属性"面板

### 7.2.4 　面板组

执行 Dreamweaver 的操作时，面板是一个很重要的编辑辅助工具。Dreamweaver 中有很多类型的面板，我们可以根据自己的使用习惯，将不同的面板进行重新组合，这就是所谓的面板组。在 Photoshop 等其他 Adobe 公司的设计软件中，也有类似的概念。面板组如图 7-5 所示。

图7-5 　面板组

把面板的标签拖到该组突出显示的放置区域，可将面板添加到面板组中，如图 7-6 所示。要重新排列组中的面板，请将面板标签拖移到组中的一个新位置。要从组中删除面板以使其成为浮动面板，请将该面板的标签拖移到组外部。

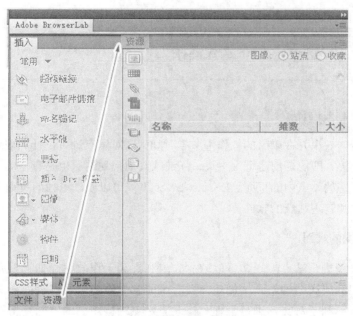

图7-6 　添加面板到面板组

【小技巧】如果屏幕上的面板位置妨碍了您的视线，甚至超出了桌面范围而不便操作时（改变显示器的分辨率后，尤其容易出现这种情况），可将面板折叠为图标，以避免工作区出现混乱，或者直接点选中央的一个三角号，暂时隐藏所有面板，如图 7-7 所示。如果需要，再点选一下，所有的面板又会重新出现。

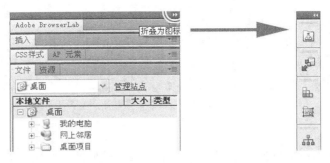

图 7-7　折叠为图标的面板

【小技巧】以下是几个常用面板的快速打开和关闭的热键，在制作过程中会被频繁地使用到。

隐藏或显示面板：【F4】。

属性面板：【Ctrl+F3】。

CSS Styles 样式面板：【Shift+F11】。

Behaviors 行为面板：【Shift+F4】。

**7.3**　Dreamweaver 基本操作

### 7.3.1　站点的基本操作

为了达到最佳效果并在以后的工作中节省时间，应对站点进行设计和规划。这是创建任何类型网站的前提，即使是创建个人主页，仔细认真地规划站点也是有益的，它可以使用户能够成功地访问您的站点内的页面。Dreamweaver 不仅可以创建单独的页面文档，同时也是一个强大的创建和管理站点的软件。

#### 1. 站点结构的规划

一开始就仔细进行站点规划，可以减少失误和提高工作效率，如果没有考虑网站中的文档在文件夹中的层次结构就开始创建文档，可能会导致一个文件夹内充满了各种类型名称类似的文件，不利于对文档进行管理和修改。站点结构规划的原则是将不同的文件分类放置在不同的文件夹内，以便于设计者管理。同时，本地站点和远程站点应具有完全相同的目录结构。

【小技巧】如果在使用 Dreamweaver 开始工作之前就规划好站点布局，可以节省很多时间，最简单易行的方法就是绘制站点结构草图，列出站点布局和链接关系，以便以后建立站点时参照它来工作。站点结构草图如图 7-8 所示。

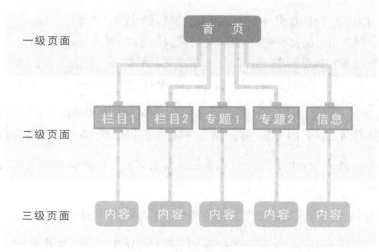

图 7-8　站点结构草图

### 2. 页面布局和设计外观

在网页设计工作中，页面布局和整体设计风格保持一致原则十分重要，从用户体验的角度看，这样的原则可以使用户顺利地浏览整个站点的页面，不会因为页面风格相差过大而不利于浏览。

### 3. 站点类型

Dreamweaver 站点是一种组织所有与 Web 站点关联的、文档的方法。需要为开发的每一个网站都设置一个站点。

Dreamweaver 站点由三部分组成，分别是本地站点、远程站点和测试站点，具体取决于开发的环境和开发的网站类型。

（1）本地站点

本地站点是一个本地的文件夹，站点以这个文件夹作为工作目录，这是 Dreamweaver 站点所处理的文件的存储位置。建立了一个本地文件夹后即可定义 Dreamweaver 本地站点。

（2）远程站点

远程站点是一个远端的文件夹，该文件夹位于运行 Web 服务器的计算机上。本地站点和远程站点应具有完全相同的目录结构。如果外端文件夹结构与本地文件夹结构不一样，Dreamweaver 就会将文件上传到错误的位置。站点的访问者将无法看到这些文件。文档和图像等的链接将会被破坏。Dreamweaver 提供了几种远程站点的访问方式：通过 FTP 访问远程站点、通过局域网访问远程站点、通过 RDS 访问远程站点、通过 SourceSafe 数据库访问远程站点和通过 WebDAV 访问远程站点。通常，用户使用 FTP 方式来访问站点。

（3）测试站点

测试站点是 Dreamweaver 处理动态网页的文件夹。

### 7.3.2　文件的命名和管理

站点内文件及文件夹的命名是在网站制作之初的设计部分就要考虑到的，每一个网页都有自己的文件名。网页里面的文件夹在调用时也会把名字体现到网页链接里面来。如果仅仅只要我们制作的网站能够在浏览器里面正常运行，那么无论将这些文件怎么命名都可以。但实际上，如果没有良好的命名规则进行必要的约束，最终就会导致整个网站或是文件夹无法管理。

而结构清晰、规范的文件命名和网站结构，对于提升搜索引擎的检索效率将有很大的帮助，也是实现提升网站排名的有效方式。结构清晰的好处还在于方便对网站进行维护和更新。

网站文件和文件夹命名的原则是以最少的字母实现最容易理解的文件名，让网页设计和程序员都能理解。具体应该注意以下几点：

（1）文件命名应包含一定的信息，以最简短的名称体现清晰的含义。

（2）首页一般用 index 或 default 来命名，因为大部分 Web 服务器默认识别 index 为首页文件，如 index.html 等。

（3）文件名尽量以英文单词为主，避免使用中文字符命名，不能使用特殊符号。

（4）不能加入空格，空格部分统一使用"_"代替，如"about_us"等。

（5）全部采用小写，因为大部分 Web 服务器使用的是英文操作或 Unix、Linux 等操作系统，这些系统是区分文件名大小写的，如 index.html 与 INDEX.HTM 会被服务器视为两个不同的文件。

（6）多个同类型的文件使用相同的前缀，如 company-contact.html、company-branch.html 等。

（7）CSS 文件命名不以数字开头。

网站文件夹的结构原则：以最少层次提供最清晰、合理的文件夹结构。具体应该注意以下几点：

（1）基于搜索引擎算法优化的原则，通常根目录只允许存放 index.html 以及其他必须的系统文件。

（2）网页文件夹按照板块、项目来划分，建立相应的独立目录，必要时可使用子文件夹，这种结构类型使站点更容易维护和导航。例如，产品类文件统一存放于 product 文件夹内，HTML 文件存放于 html 文件夹内。

（3）通用性的图像文件存放于根目录的 images 文件夹内，各栏目的图像文件存放于该目录的 images 文件夹内。

（4）所有的 CSS 文件统一存放于根目录下的 style 文件夹内，所有的 js 文件存放于根目录下的 script 文件夹内，所有的 cgi 程序存放于根目录下的 cgi_bin 文件夹内。

### 7.3.3　HTML 基本概念

网页文件本身就是一种文本文件，而这种文本文件的本质就是 HTML（Hyper Text

Mark-up Language）。HTML 是一种用于描述网页文档的超文本标记语言，之所以称为超文本标记语言，是因为在 HTML 文本中包含了所谓的"超级链接"点。所谓超级链接，就是一种 URL 指针，通过激活（点击）它，可使浏览器方便地获取新的网页，这也是 HTML 获得广泛应用的、最重要的原因之一。

作为一个所见即所得的网页编辑器，虽然 Dreamweaver 已经不需要网页设计者手工编写代码来实现页面布局，但是对于一个高级的网页设计和制作人员来说，使用 HTML 直接编写代码是不可避免的。因此，具备一定的 HTML 基础知识是十分必要的。

### 1. 在网页中查看源代码

在网页浏览中养成查看源代码的习惯，有助于提高对 HTML 的掌握。

在 IE 中查看源代码的操作步骤如下：

（1）在网页空白处单击鼠标右键，在弹出的菜单中选择"查看源文件"选项，如图 7-9 所示。

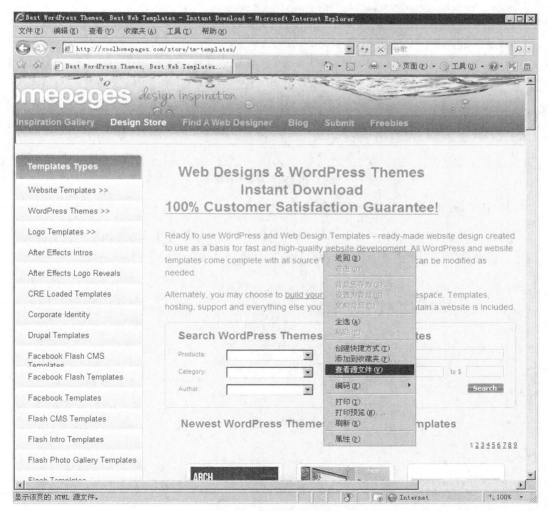

图 7-9　"查看源文件"选项

（2）Windows 将自动打开记事本，显示网页的源代码，如图 7-10 所示。

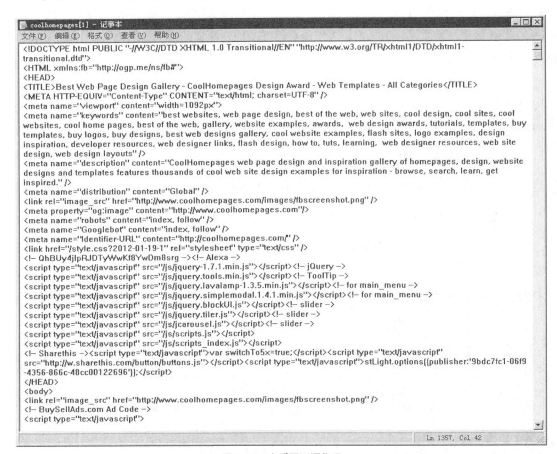

图 7-10　查看网页源代码

## 2. 在 Dreamweaver 中查看源代码

Dreamweaver 中提供了十分方便的查看源代码功能。可以通过单击文档工具栏上的代码按钮，切换到代码视图来查看，如图 7-11 所示。

图 7-11　代码视图

也可以通过单击文档工具栏上的拆分按钮，在文档窗口中显示源代码和页面，如图 7-12 所示。

图 7-12 拆分视图

也可以使用代码检查器，在单独的编码窗口中工作，就像在代码视图中工作一样。操作步骤如下：

（1）在 Dreamweaver 中打开一个网页。

（2）选择"窗口"→"代码检查器"菜单命令或使用【F10】快捷键，如图 7-13 所示。

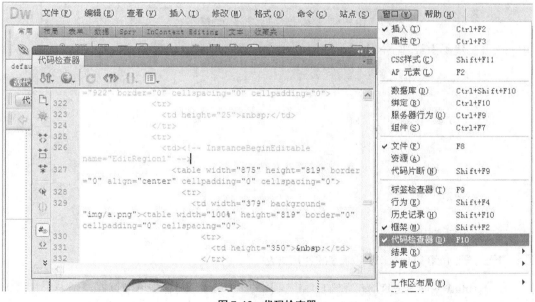

图 7-13 代码检查器

### 3. HTML 标签简介

HTML 标记标签通常被称为 HTML 标签(HTML tag)。它是用来描述网页的一种标记语言，它的特点是：HTML 标签由尖括号包围的关键词组成，如<html>；通常是成对出现的，如和；标签对中的第一个标签是开始标签，第二个标签是结束标签。HTML 标签和纯文本组成 HTML 文档，IE 等 Web 浏览器的作用是读取 HTML 文档，并以网页的形式显示出它们。

下面以一个简单的 HTML 文档为例，使读者对 HTML 有一个简单的认识。

例子：

用记事本输入以下代码，另存为.html 格式

```
<html>
<head>
<title>HTML 简单例子</title>
</head>
<body>
<h1>This is Page1</h1>
<p>This is some text.</p>
</body>
</html>
```

HTML 代码在浏览器中的解读效果如图 7-14 所示。

图 7-14　HTML 代码在浏览器中的解读效果

这段源代码由最基本的几个标签组成，其中最基本的网页源代码为

```
<html>

<head>
<title>文档标题</title>
</head>

<body>
文档内容......
</body>

</html>
```

下面详细介绍 HTML 常用标签的使用方法。

（1）<html>标签：是 HTML 和 XHTML 文档的最外层标签。它告诉浏览器这是一个 HTML 文档，因此，<html>标签也被称为根标签。

（2）<head>标签：是一个容器，用于容纳其他头部标签。头部标签包含了许多网页的属性信息，包括网页题目、关键词和语言内码等。<head>标签中的内容不会在页面内显示。

（3）<title>标签：用于定义文档标题。它是<head>里唯一的必选标签。

（4）<body>标签：定义文档的主体标签，是文档的主干。HTML 文档的所有内容都放在<body>标签里，如文本、链接、图像、表格和列表等。

（5）<p>标签：用于在 HTML 文档里定义一个段落，中间是一段文字内容。可以对其设置属性来对文字排版。

（6）<font>标签：用于设置文本的字体、大小和颜色。

（7）<img>标签：用于在 HTML 页面中引用一个图像。<img>标签在页面里创建了一块区域，用以容纳被引用的图像。<img>标签有两个必选属性：src（图像链接地址）和 alt（图像注释）。

（8）<a>标签：超链接标签。可以创建一个指向其他文档的链接（通过 href 属性）或创建一个文档内部的书签（通过 name 属性）。href 属性是<a>元素最重要的属性，用于指定链接目标。

<table>
<tr><td>**7.4**</td><td>**Dreamweaver 静态网页的制作**</td></tr>
</table>

### 7.4.1 文本编辑

文本是网页中最常见的元素。添加的文本具有良好的规范，保持统一的文本样式，是网页设计中的重要工作。

**1. 添加文本**

要向 Dreamweaver 的文档中添加文本，可以直接在"文档"窗口中键入文本，也可以复制并粘贴文本，还可以从其他文档，如 Excel 或 Word 中导入文本。具体操作如下：

（1）直接键入文本：打开 HTML 文档，选中"设计"视图，在"设计"视图窗口中直接输入文本内容，如图 7-15 所示。

图 7-15 Dreamweaver 中的文本输入

（2）复制并粘贴文本：首先复制其他应用程序中的文本内容，然后在 Dreamweaver 的"设计"视图窗口中，在要添加文本的位置单击鼠标左键，使光标停在此处，接着选中"编辑"菜单下的"粘贴"命令或者按【Ctrl+V】键即可完成文本内容的复制操作，如图 7-16 所示。

图 7-16　粘贴选项

（3）导入 Excel 或 Word 文档：确保用户处于"设计"视图中，执行"文件""导入"→"Word 文档"菜单命令或执行"文件""导入"→"Excel 文档"菜单命令。在"导入文档"对话框中浏览要添加的文件，在对话框底部选择格式设置选项，然后单击【打开】按钮，如图 7-17 所示。

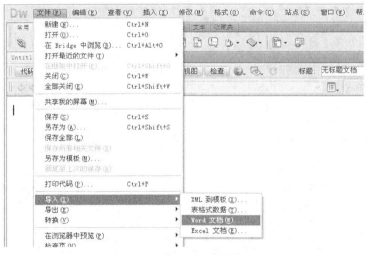

图 7-17　导入 Word 文档选项

### 2. 插入特殊字符

某些特殊字符在 HTML 中以名称或数字的形式表示，它们称为 entity。例如，版权符号(&copy;)、"与"符号 (&amp;)、注册商标符号 (&reg;) 等字符的实体名称。

要插入特殊字符，具体操作如下：

（1）在"文档"窗口中将插入点放在要插入特殊字符的位置。

（2）执行下列操作之一：

从"插入"→"HTML"→"特殊字符"子菜单中选择字符名称，如图 7-18 所示。

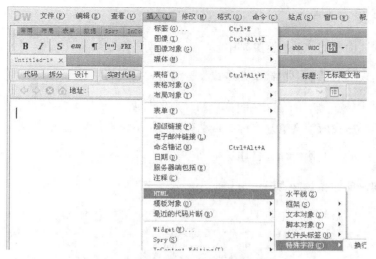

图 7-18　菜单中插入特殊字符选项

在"插入"面板的"文本"类别中单击"字符"按钮，并从子菜单中选择字符，如图 7-19 所示。

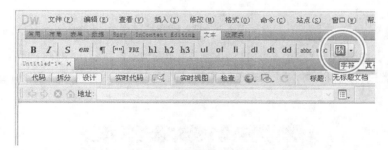

图 7-19　面板中选择特殊字符选项

【小技巧】还有很多其他特殊字符可供使用；若要选择其中的某个字符，请选择"插入"→"HTML"→"特殊字符"→"其他"或者单击"插入"面板的"文本"类别中的"字符"按钮，然后选择"其他字符"选项。从"插入其他字符"对话框中选择一个字符，然后单击"确定"按钮。

### 3. 插入日期

Dreamweaver 提供了一个便捷的日期对象，用户可以以喜欢的格式插入当前日期（可选择是否插入时间），并且可以选择在每次保存文件时都自动更新该日期。

注意："插入日期"对话框中显示的日期和时间不是当前日期，而是访问者在浏览站点时所看到的时期/时间。它们是日期显示方式的示例。

要插入日期，具体操作如下：

（1）在"文档"窗口中将插入点放在要插入日期的位置。

（2）执行下列操作之一：

选择"插入"→"日期"。

在"插入"面板的"常用"类别中，单击"日期"按钮。

（3）在出现的对话框中选择星期格式、日期格式和时间格式。

（4）如果希望在每次保存文档时都更新插入的日期，请选择"存储时自动更新"。如果希望日期在插入后变成纯文本并永远不自动更新，请取消选择该选项。

（5）单击"确定"按钮插入日期。

插入日期选项如图 7-20 所示。

图 7-20　插入日期选项

【小技巧】如果选择了"存储时自动更新"，如图 7-21 所示，则在日期格式插入到文档中后可以对其进行编辑，方法是单击已设置格式的文本，然后在属性检查器中选择"编辑日期格式"。

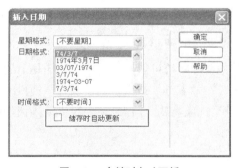

图 7-21　存储时自动更新

#### 4．在字符之间添加空格

HTML 只允许字符之间有一个空格；若要在文档中添加其他空格，必须插入不换行空格。也可以设置一个在文档中自动添加不换行空格的首选参数。

要插入不换行空格，具体操作如下：

选择"插入"→"HTML"→"特殊字符"→"不换行空格"。

按 Ctrl+Shift+空格键。

在"插入"面板的"文本"类别中单击"字符"按钮，并选择"不换行空格"图标，如图 7-22 所示。

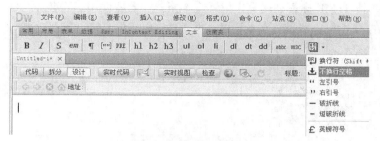

图 7-22 不换行空格选项

设置添加不换行空格的首选参数步骤如下：

（1）选择"编辑"→"首选参数"菜单命令。

（2）在"常规"类别中确保选中"允许多个连续的空格"，如图 7-22 所示。

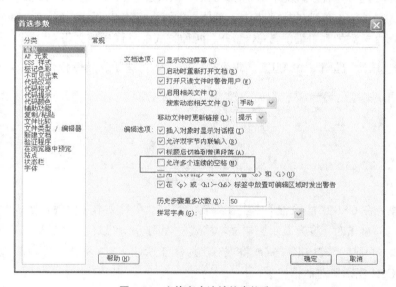

图 7-23 允许多个连续的空格选项

## 5. 关于文本格式

默认情况下，Dreamweaver 使用层叠样式表（CSS）设置文本格式。

CSS 使 Web 设计人员和开发人员能更好地控制网页设计，同时改进功能，以提供可视化的辅助功能并减小文件大小。CSS 是一种能控制网页样式而不损坏其结构的方式。通过将可视化设计元素（如字体、颜色、边距等）与网页的结构逻辑分离，CSS 为 Web 设计人员提供了可视化控制和版式控制，而不牺牲内容的完整性。此外，在单独的代码块中定义版式设计和页面布局，无需对图像地图、font 标签、表格和 GIF 间隔图像重新排序，从而加快下载速度，简化站点维护，并能集中控制多个网页面的设计属性。

可以直接在文档中存储使用 CSS 创建的样式，也可以在外部样式表中存储样式，以实现更强的功能和灵活性。如果将某一外部样式表附加到多个网页，则所有的这些页面都会自动反映对该样式表所做的任何更改。

也可以使用 HTML 标签在网页中设置文本格式。若要使用 HTML 标签而不使用 CSS，请使用 HTML 属性检查器设置文本格式，并更改 Dreamweaver 的默认文本格式设置首选参数，如图 7-24 所示。

图 7-24　切换 HTML 和 CSS 标签选项

### 6. 使用属性检查器设置文本属性

可以使用文本属性检查器应用 HTML 格式或层叠样式表(CSS)格式。应用 HTML 格式时，Dreamweaver 会将属性添加到页面正文的 HTML 代码中。应用 CSS 格式时，Dreamweaver 会将属性写入文档头或单独的样式表中。但是，在创建 CSS 内联样式时，Dreamweaver 会将样式属性代码直接添加到页面的 body 部分。两种方式的具体操作如下：

在属性检查器中编辑 CSS 规则，如图 7-25 所示。各选项的具体含义如下：

图 7-25　CSS 属性检查器

目标规则：在 CSS 属性检查器中正在编辑的规则。在对文本应用现有样式的情况下，在页面的文本内部单击时，将会显示影响文本格式的规则。也可以使用"目标规则"弹出菜单，创建新的 CSS 规则、新的内联样式或将现有类应用于所选文本。如果要创建新规则，将需要完成"新建 CSS 规则"对话框。

编辑规则：打开目标规则的"CSS 规则定义"对话框。如果从"目标规则"弹出菜单中选择了"新建 CSS 规则"并单击"编辑规则"按钮，Dreamweaver 就会打开"新建 CSS 规则定义"对话框。

CSS 面板：打开"CSS 样式"面板并在当前视图中显示目标规则的属性。

字体：更改目标规则的字体。

大小：设置目标规则的字体大小。

文本颜色：将所选颜色设置为目标规则中的字体颜色。单击颜色框，选择 Web 安全色，或在相邻的文本字段中输入十六进制值（如#FF0000 等）。

　　粗体：向目标规则添加粗体属性。

　　斜体：向目标规则添加斜体属性。

　　左对齐、居中对齐和右对齐：向目标规则添加各个对齐属性。

　　在属性检查器中设置 HTML 格式，如图 7-26 所示。各选项的具体含义如下：

<div align="center">图 7-26　HTML 属性检查器</div>

　　格式：设置所选文本的段落样式。"段落"应用<p>标签的默认格式，"标题 1"添加 H1标签等。

　　类：显示当前应用于所选文本的类样式。如果没有对所选内容应用过任何样式，则弹出菜单显示"无 CSS 样式"。如果已对所选内容应用了多个样式，则该菜单是空的。

　　粗体：根据"首选参数"对话框的"常规"类别中设置的样式首选参数，将<b>或<strong>应用于所选文本。

　　斜体：根据"首选参数"对话框的"常规"类别中设置的样式首选参数，将<i>或<em>应用于所选文本。

　　项目列表：创建所选文本的项目列表。如果未选择文本，则启动一个新的项目列表。

　　编号列表：创建所选文本的编号列表。如果未选择文本，则启动一个新的编号列表。

　　链接：创建所选文本的超文本链接。单击文件夹图标浏览到站点中的文件；键入 URL；将"指向文件"图标拖到"文件"面板中的文件；或将文件从"文件"面板拖到框中。

　　标题：为超级链接指定文本工具提示。

　　目标：指定将链接文档加载到哪个框架或窗口。

　　_blank：将链接文件加载到一个新的、未命名的浏览器窗口。

　　_parent：将链接文件加载到该链接所在框架的父框架集或父窗口中。如果包含链接的框架不是嵌套的，则链接文件加载到整个浏览器窗口中。

　　_self：将链接文件加载到该链接所在的同一框架或窗口中。此目标是默认的，因此通常不需要指定它。

　　_top：将链接文件加载到整个浏览器窗口，从而删除所有框架。

　　【小技巧】推荐使用 CSS，相比 HTML 标记符而言，CSS 还提供了更多的格式设置功能。

CSS 方式不但能简化格式设置工作，增强网页的可维护能力，有利于网站整体风格的统一，而且可以使文件结构更加灵活，从而大大加强网页的表现力。

### 7.4.2　网页图像编辑

使用图像可使网页内容更加丰富多彩。在页面中适当地采用图文混排的方式，不仅可以使文本表述更加清晰、易懂，也使文档更加具有吸引力。

#### 1.　网页常用图像格式概述

虽然存在很多种图形和图像的格式，但是在网页设计中常用的图片格式只有 3 种：GIF、JPG（JPEG）和 PNG。这 3 种格式目前都能被绝大多数主流浏览器支持。

GIF 是一种无损的图片格式。也就是说，在修改图片之后，图片质量不会损失。GIF 格式支持动画和透明背景，适用于很小或是较简单的不连续色调的图片，如导航条、按钮和图标等。

PNG 是一种可以完全代替 GIF 的图像格式。PNG 相对于 GIF 最大的优势是：通常体积会更小、支持 Alpha 通道全透明效果，但是 PNG 不支持动画。通常，图片保存为 PNG-8，会在同等质量下获得比 GIF 更小的体积，而全透明的图片现在只能使用 PNG-24，它是最符合网页图像要求的格式，但是只有在 IE 4.0 以后，才能对 PNG 有很好的支持。

JPG 是一种有损压缩格式，适合表现连续色调的图像，所能显示的颜色比 GIF 和 PNG 要多得多，同时也得到很好的压缩。所以，JPG 适用于保存数码照片。但是，它是一种有损压缩格式，这意味着文件体积会随着图像质量的提高而成倍增加。

【小技巧】关于图像格式的选择，一般遵循以下原则：小图片或网页基本元素(如按钮行等)考虑 PNG-8 或 GIF，照片则使用 JPG 格式。网页图片色彩丰富的用 JPG 格式，色彩不多而纯度高的则用 GIF 格式。无论选择哪种图像格式，都是为了在保证图像视觉效果的前提下，尽量缩小图像的体积。

#### 2.　插入图像

在 Dreamweaver 文档中插入图像时，Dreamweaver 会自动在 HTML 代码的相应位置加入代码。在插入图像之前，图片文件最好先保存在站点的 images 目录中。

插入图像的具体操作如下：

（1）在页面中，将插入点放置在要显示图像的地方，执行下列操作之一：

在"插入"面板的"常用"类别中，单击"图像"图标 ，如图 7-27 所示。

图 7-27　插入图像图标

（2）选择"插入"→"图像"菜单命令，或按快捷键【Ctrl+Alt+I】，如图 7-28 所示。

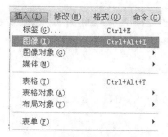

图 7-28　菜单中插入图像选项

　　将图像从"资源"面板（"窗口"→"资源"）拖动到"文档"窗口中的所需位置（必须先建立站点并将图像保存在站点文件夹中），如图 7-29 所示。

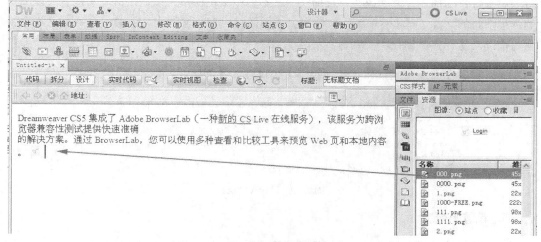

图 7-29　资源面板

（3）浏览选择要插入的图像或内容源。

　　如果文档未被保存，就会出现提示框，如图 7-30 所示。Dreamweaver 将生成一个对图像文件的临时路径，格式为"file://文件的临时位置"。将文档保存在站点中的任意位置后，Dreamweaver 将会转换为文档相对路径。

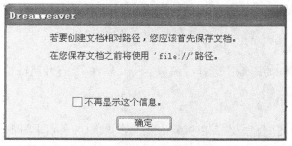

图 7-30　保存文档提示框

（4）单击"确定"按钮，将显示"图像标签辅助功能属性"对话框，如图 7-31 所示。在"替换文本"和"详细说明"文本框中输入值，然后单击"确定"按钮。

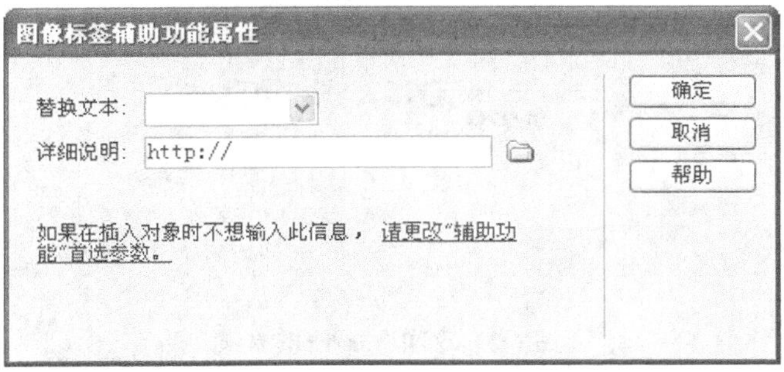

图 7-31 "图像标签辅助功能属性"对话框

（5）在"替换"文本框中为图像输入一个名称或一段简短描述，应限制在 50 个字符左右。对于较长的描述，请考虑在"长描述"文本框中提供链接，该链接指向提供有关该图像的详细信息的文件。单击"取消"按钮时，该图像将出现在文档中，但 Dreamweaver 不会将它与辅助功能标签或属性相关联。

（6）在属性面板（"窗口"→"属性"）中设置图像的属性，如图 7-32 所示。

图 7-32 图像属性面板

### 3. 设置图像属性

在图像属性面板中可设置图像属性的详细参数。如果未找到所有的图像属性，请单击位于右下角的展开箭头，如图 7-33 所示。

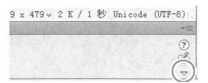

图 7-33 打开图像属性面板的详细参数

设置图像属性的具体操作如下：

选中需要设置属性的图像，选择"窗口"→"属性"，打开属性检查器。

设置选项的含义如下。

宽和高：图像的宽度和高度，以像素表示。在页面中插入图像时，Dreamweaver 会自动用图像的原始尺寸更新这些文本框。如果设置的"宽"和"高"值与图像的实际宽度和高度不相符，则该图像在浏览器中可能不会正确显示。（若要恢复原始值，请单击"宽"和"高"文本框标签，或单击用于输入新值的"宽"和"高"文本框右侧的"重设大小"按钮。）

注意：可以更改这些值来缩放该图像实例的显示大小，但这不会缩短下载时间，因为浏览器先下载所有图像数据再缩放图像。若要缩短下载时间，并确保所有图像实例以相同大小显示，请使用外部图像编辑应用程序（如 Fireworks 或 Photoshop 等）来缩放图像。

源文件：指定图像的源文件。单击文件夹图标，以浏览到源文件，或者键入路径。

链接：指定图像的超链接。将"指向文件"图标拖动到"文件"面板中的某个文件，单击文件夹图标浏览到站点上的某个文档，或手动键入 URL。

对齐：对齐同一行上的图像和文本。

替换：指定在只显示文本的浏览器或已设置为手动下载图像的浏览器中代替图像显示的替换文本。对于使用语音合成器（用于只显示文本的浏览器）的有视觉障碍的用户，将大声读出该文本。在某些浏览器中，当鼠标指针滑过图像时，也会显示该文本。

地图名称和热点工具：允许您标注和创建客户端图像地图。

垂直边距和水平边距：沿图像的边添加边距，以像素表示。"垂直边距"沿图像的顶部和底部添加边距。"水平边距"沿图像的左侧和右侧添加边距。

目标：指定链接的页应加载到的框架或窗口。（当图像没有链接到其他文件时，此选项不可用）当前框架集中所有框架的名称都显示在"目标"列表中。

也可选用下列保留目标名。

_blank：将链接的文件加载到一个未命名的新浏览器窗口中。

_parent：将链接的文件加载到含有该链接的、框架的父框架集或父窗口中。如果包含链接的框架不是嵌套的，则链接文件加载到整个浏览器窗口中。

_self：将链接的文件加载到该链接所在的同一框架或窗口中。此目标是默认的，所以通常不需要指定它。

_top：将链接的文件加载到整个浏览器窗口中，因而会删除所有框架。

边框：图像边框的宽度，以像素表示，默认为无边框。

编辑：启动在"外部编辑器"首选参数中指定的图像编辑器，并打开选定的图像。

编辑图像设置：打开"图像"预览对话框并让您优化图像。

裁剪：裁切图像的大小，从所选图像中删除不需要的区域。

重新取样：对已调整大小的图像进行重新取样，提高图片在新的大小和形状下的品质。

亮度和对比度：调整图像的亮度和对比度设置。

锐化：调整图像的锐度。

重设大小：将"宽"和"高"值重设为图像的原始大小。调整所选图像的值时，此按钮显示在"宽"和"高"文本框的右侧。

### 4. 创建鼠标经过图像

鼠标经过图像是一种在浏览器中查看并使用鼠标指针移过它时发生变化的图像。必须用两个图像创建鼠标经过图像：主图像（首次加载页面时显示的图像）和次图像（鼠标指针移过主图像时显示的图像）。鼠标经过图像中的这两个图像应大小相等；如果这两个图像大小不同，Dreamweaver 将调整第二个图像的大小，以与第一个图像的属性匹配。具体操作如下：

（1）在"文档"窗口中将插入点放置在要显示鼠标经过图像的位置。选择"插入"→"图像对象"→"鼠标经过图像"，如图 7-34 所示。

图 7-34　插入鼠标经过图像选项

（2）设置选项，然后单击"确定"按钮。如图 7-35 所示。各选项的含义如下。

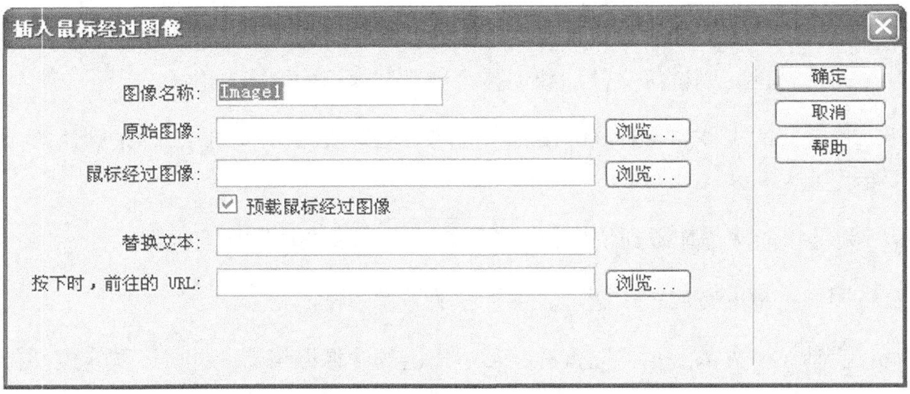

图 7-35　"插入鼠标经过图像"对话框

图像名称：鼠标经过图像的名称。

原始图像：页面加载时要显示的图像。在文本框中输入路径，或单击"浏览"按钮并选择该图像。

鼠标经过图像：鼠标指针滑过原始图像时要显示的图像。输入路径或单击"浏览"按钮选择该图像。

预载鼠标经过图像：将图像预先加载到浏览器的缓存中，以便用户将鼠标指针滑过图像时不会发生延迟。

替换文本：这是一种（可选）文本，为使用只显示文本的浏览器的访问者描述图像。

按下时，前往的 URL：用户单击鼠标经过图像时要打开的文件。输入路径或单击"浏览"按钮并选择该文件。

【小技巧】不能在"设计"视图中看到鼠标经过图像的效果，应在浏览器中将鼠标指针移过原始图像，以查看鼠标经过图像。在设置鼠标经过图像后，要再修改次图像，需在行为面板中进行。

### 7.4.3　网页多媒体元素编辑

多媒体在网页应用中越来越广泛。在网页中加入多媒体元素，可以增加网页的观赏性和访问者的交互体验，使网页更具吸引力。可在网页中加入的多媒体元素有 SWF 和 FLV 文件、QuickTime 或 Shockwave 影片、Java Applet、ActiveX 控件或其他音频或视频对象。

**1.　添加和设置 swf 文件属性**

（1）将插入点放置在要插入内容的位置，在"插入"面板的"常用"类别中选择"媒体"，然后单击 SWF 图标，如图 7-36 所示。

图 7-36　插入 SWF 文件选项

（2）在出现的对话框中选择一个 SWF 文件，将在"文档"窗口中显示一个 SWF 文件占位符，如图 7-37 所示。

图 7-37　SWF 文件占位符

　　SWF 文件占位符有一个选项卡式蓝色外框。此选项卡指示资源的类型（SWF 文件）和 SWF 文件的 ID。此选项卡还显示一个眼睛图标。此图标可用于在 SWF 文件和用户在没有正确的 Flash Player 版本时看到的下载信息之间切换。

　　（3）保存此文件。

　　Dreamweaver 会提示正在将两个相关文件（expressInstall.swf 和 swfobject_modified.js）保存到站点中的 Scripts 文件夹。在将 SWF 文件上传到 Web 服务器时，不要忘记上传这些文件，否则浏览器无法正确显示 SWF 文件。

　　使用属性检查器设置 SWF 文件的属性，这些属性也适用于 Shockwave 影片，如图 7-38 所示。各选项的含义如下。

图 7-38　SWF 文件的属性面板

　　ID：为 SWF 文件指定唯一 ID。在属性检查器最左侧的未标记文本框中输入 ID。从 Dreamweaver CS4 起，需要唯一 ID。

　　宽和高：以像素为单位指定影片的宽度和高度。

　　文件：指定 SWF 文件或 Shockwave 文件的路径。单击文件夹图标，以浏览到某一文件，或者键入路径。

　　源文件：指定源文档（FLA 文件）的路径（如果计算机上同时安装了 Dreamweaver 和 Flash）。若要编辑 SWF 文件，请更新影片的源文档。

　　背景：指定影片区域的背景颜色。不播放影片时（在加载时和在播放后），也显示此颜色。

　　编辑：启动 Flash，以更新 FLA 文件（使用 Flash 创作工具创建的文件）。如果计算机上没有安装 Flash，则会禁用此选项。

　　类：可用于对影片应用 CSS 类。

　　循环：使影片连续播放。如果没有选择循环，则影片将播放一次，然后停止。

　　自动播放：在加载页面时自动播放影片。

　　垂直边距和水平边距：指定影片上、下、左、右空白的像素数。

　　品质：在影片播放期间控制抗失真。高品质设置可改善影片的外观，但高品质设置的影片需要较快的处理器，才能在屏幕上正确呈现。低品质设置会首先照顾到显示速度，然后才考虑外观，而高品质设置首先照顾到外观，然后才考虑显示速度。自动低品质会首先照顾到显示速度，但会在可能的情况下改善外观。自动高品质开始时会同时照顾显示速度和外观，但以后可能会根据需要牺牲外观，以确保速度。

比例：确定影片如何适合在宽度和高度文本框中设置的尺寸。"默认"设置为显示整个影片。

对齐：确定影片在页面上的对齐方式。

Wmode：为 SWF 文件设置 Wmode 参数，以避免与 DHTML 元素（如 Spry Widget 等）相冲突。默认值是不透明，这样在浏览器中，DHTML 元素就可以显示在 SWF 文件的上面。如果 SWF 文件包括透明度，并且希望 DHTML 元素显示在它们的后面，请选择"透明"选项。选择"窗口"选项，可从代码中删除 Wmode 参数，并允许 SWF 文件显示在其他 DHTML 元素的上面。

播放：在"文档"窗口中播放影片。

参数：打开一个对话框，可在其中输入传递给影片的附加参数。影片必须已设计好，可以接收这些附加参数。

**2. 添加其他媒体对象**

除了 SWF 和 FLV 文件外，还可以在 Dreamweaver 文档中插入 QuickTime 或 Shockwave 影片、Java applet、ActiveX 控件或其他音频或视频对象。如果插入了媒体对象的辅助功能属性，则可以在 HTML 代码中设置辅助功能属性并编辑这些值。

（1）将插入点放在"文档"窗口中希望插入对象的位置。

（2）执行下列操作之一插入对象：

在"插入"面板的"常用"类别中单击"媒体"按钮，并选择要插入的对象类型的图标。

从"插入"→"媒体"子菜单中选择适当的对象。

如果要插入的对象不是 Shockwave、Applet 或 ActiveX 对象，请从"插入"→"媒体"子菜单中选择"插件"，将显示一个对话框，您可从中选择源文件并为媒体对象指定某些参数。

（3）完成"选择文件"对话框，然后单击"确定"按钮。

**3. 在网页中使用音频**

可以向网页添加多种不同类型的声音文件和格式，如.wav、.midi 和.mp3 等。在确定采用哪种格式和方法添加声音前，需要考虑以下因素：添加声音的目的、页面访问者、文件大小、声音品质和不同浏览器的差异。

【小技巧】由于浏览器不同，处理声音文件的方式也会有很大差异和不一致的地方，最好将声音文件添加到 SWF 文件中，然后嵌入该 SWF 文件，以改善一致性。

**4. 常见的音频文件格式及在 Web 设计中的一些优缺点**

.wav（波形扩展）这些文件具有良好的声音品质，许多浏览器都支持此类格式文件并且不需要插件。但是，其较大的文件大小限制了在网页上使用的 WAV 文件的长度。

.mp3（Motion Picture Experts Group Audio Layer-3，MPEG 音频第 3 层）是一种广泛使用的音频压缩格式，它可使声音文件明显缩小。其声音品质非常好：如果正确录制和压缩 mp3 文件，其音质甚至可以和 CD 相媲美。更重要的是，mp3 技术使您可以对文件进行"流式处理"，以便访问者不必等待整个文件下载完成即可收听该文件。若要播放 mp3 文件，访问者必须下载并安装辅助应用程序或插件，如 QuickTime、Windows Media Player 或 RealPlayer 等。

.ra、.ram、.rpm 或 Real Audio 格式具有非常高的压缩度，文件大小要小于 mp3。这也是一种 "流媒体"格式，所以，访问者在文件完全下载完之前就可听到声音。访问者必须下载并安装 RealPlayer 辅助应用程序或插件，才可以播放这种文件。

.qt、.qtm、.mov 或 QuickTime 格式是由 Apple Computer 开发的音频和视频格式。Apple Macintosh 操作系统中包含了 QuickTime，并且大多数使用音频、视频或动画的 Macintosh 应用程序都使用 QuickTime。PC 也可播放 QuickTime 格式的文件，但是需要特殊的 QuickTime 驱动程序。

### 5．在网页中添加音频文件

（1）在"插入"面板的"常用"类别中单击"媒体"按钮，然后从弹出的菜单中选择"插件"图标，如图 7-39 所示。

图 7-39　插入音频文件选项

（2）浏览音频文件，然后单击"确定"按钮。

通过在属性检查器的适当文本框中输入值，或者在"文档"窗口中调整插件占位符的大小，输入宽度和高度，这些值确定音频控件在浏览器中显示的大小。

# 7.5 | 习题

1. 请结合实际简述站点规划的步骤和需要注意的问题。

2. 请列出网页文件命名的注意事项。

3. 简述 HTML 的基本规则。

4. 在网页文档中添加文本并调整文本属性。

5. 简述在网页文档中添加图像文件、SWF 多媒体文件和 MP3 音频文件的具体操作步骤。

# 第8章
## Dreamweaver 制作网站页面

**本章知识重点：**

1. 创建网站的本地站点

2. 应用表格制作网站主页面

3. 应用模板技术制作网站子页面

4. 应用超链接建立网站页面间超链接

5. 应用 CSS 样式表美化网站页面

6. 利用表单设计用户注册页面

## 8.1 创建网站的本地站点

### 8.1.1 建立网站目录结构的建议

网站目录是指建立网站的时候所创建的文件目录及所包含的文件所表现出来的结构，类似 Windows 的文件目录结构，这种多层级目录结构也叫做树形结构。对网页设计的初学者而言，站点的目录结构是一个容易忽略的问题，因为一个网站目录结构的好坏，对网站访问者来说并没有什么太大的影响。优化站点目录结构的目的不在于页面视觉效果的展示，而对于站点本身的上传和维护，内容的扩充等有着非常重要的影响，特别是对于商业应用的网站，在建站之初对目录结构的考虑直接影响到网站的实用性。下面是建立目录结构的一些建议：

（1）不要将所有文件都存放在根目录下

推荐采用树形结构，即根目录下再细分成多个频道或栏目，然后在每一个目录下面再存储属于这个目录的终极内容网页，这样的好处是容易维护。不要为了方便，将所有文件都放在根目录下，这样做容易造成文件管理混乱，影响工作效率。所以，尽可能减少根目录的文件存放数。通常，根目录只存放 index.html 和其他必须的系统文件。

（2）按不同网站栏目分别建立子文件夹

根据栏目分类分别建立子文件夹，并且尽量使用意义明确的命名。例如，个人网站可以根据通用分类分别建立相应的子文件夹，如个人简介、作品展示和联系方式等。所有程序一般都存放在特定文件夹，例如，多媒体文件放在"Media"文件夹；CSS 程序放在"common"文件夹，以便于维护、管理。

（3）在每个主目录下建立独立的 images 目录

通常，一个站点根目录下都有一个 images 目录。对于分类栏目中的图片，还要为每个分类栏目建立一个独立的 images 目录来存放。而根目录下的 images 目录只用来放首页所有栏目通用的图片。

（4）目录的层次不能太多

为了维护、管理方便，网站目录的嵌套建议不要超过 3 层。

### 8.1.2　创建本地站点

要开始完整地设置一个 Dreamweaver 的站点，在使用 Dreamweaver 设置前必须先建立一个本地文件夹。

设置新的 Dreamweaver 本地站点的具体操作如下：

（1）首先在本地磁盘中新建一个文件夹作为本地根文件夹。

本例在本地磁盘 D 建立名为"myweb"的文件夹。

（2）在 Dreamweaver 的菜单中选择"站点"→"管理站点"命令，弹出提示框，如图 8-1 所示。单击"新建"按钮。

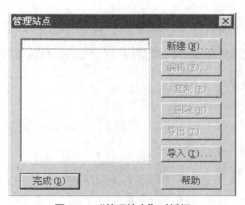

图 8-1　"管理站点"对话框

（3）打开"站点设置对象"对话框，如图 8-2 所示。

输入站点名称。在"本地文件夹选项"中选择第（1）步创建的文件夹。

（4）单击"保存"按钮。Dreamweaver 将自动打开"文件"面板，如图 8-3 所示。

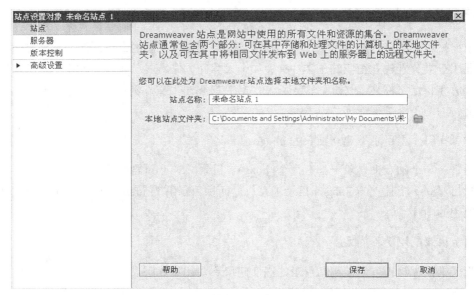

图 8-2　"站点设置对象"对话框

站点名称已经出现在"文件"窗口了，因为是新建的一个站点，所以在本地目录看到的是一片空白。

（5）新建站点后还需对本地站点的图像文件夹进行设置。单击图 8-2 中的"高级设置"，进入"本地信息"选项卡，设置默认图像文件夹，如图 8-4 所示。

图 8-3　"文件"面板

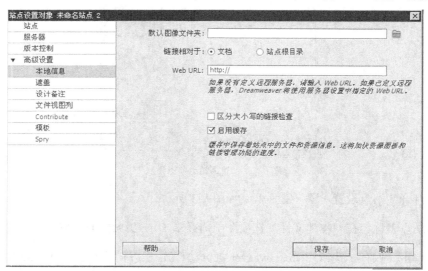

图 8-4　设置默认图像文件夹

【小技巧】图像文件夹通常命名为"images",且存放于站点根文件夹内。

站点定义完毕之后,就可以正式制作属于你自己的网页了。

## 8.2 应用表格制作网站主页面

### 8.2.1 利用表格对页面进行布局

表格是用于在 HTML 页上显示表格式数据和对文本和图形进行排版的有力工具。表格排版提供了在页面中增加垂直和水平结构的简便方法。表格由一行或多行组成;每行又由一个或多个单元格组成,各表格间可嵌套。

图 8-5 是一个在 Dreamweaver 中显示表格布局的实例。图 8-6 所示为 IE 浏览器中的显示效果。

图 8-5　在 Dreamweaver 中显示表格布局的实例

图 8-6　IE 浏览器中的显示效果

本节以上图网页为实例，讲解使用表格来进行布局的具体操作。

（1）新建一个 5 行 1 列，宽为 950 像素，边框粗细、单元格边距、单元格间距均为 0 的表格，如图 8-7 所示。

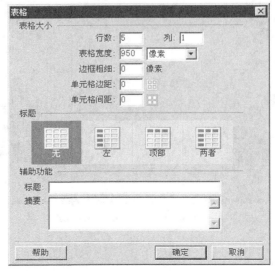

图 8-7　"表格"对话框

新建表格在 Dreamweaver 中的显示效果如图 8-8 所示。

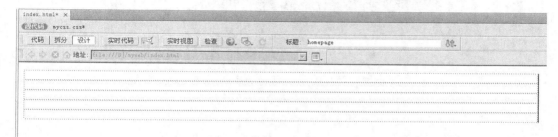

图 8-8　新建表格在 Dreamweaver 中的显示效果

【小技巧】在使用表格进行排版的过程中，为了页面的美观和排版的方便，通常设置边框粗细、单元格边距、单元格间距都为 0。这样，表格和单元格之间可以实现无缝连接。

（2）在表格内的各个单元格再添加表格称为表格嵌套，嵌套的布局方式在表格排版中经常被使用。在第一个单元格添加一个 1 行 2 列的表格，参数如图 8-9 所示。

在第 3 个单元格添加一个 1 行 5 列的表格，参数如图 8-10 所示。

在第 4 个单元格添加一个 2 行 3 列的表格，参数如图 8-11 所示。

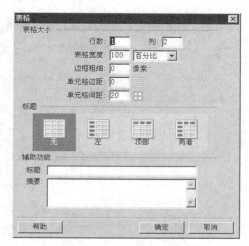

图 8-9　添加一个 1 行 2 列的表格

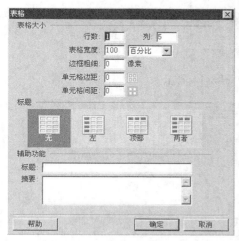

图 8-10　添加一个 1 行 5 列的表格

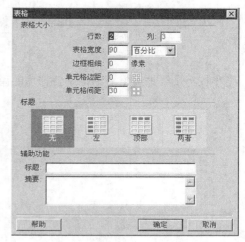

图 8-11　添加一个 2 行 3 列的表格

嵌套表格后的显示效果如图 8-12 所示。

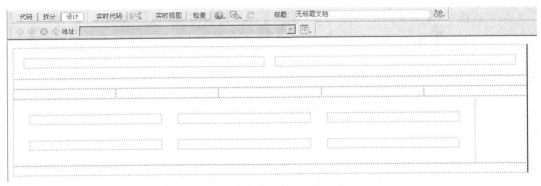

**图 8-12　嵌套表格后的显示效果**

（3）选中最后添加的第 4 个单元格中的 2 行 3 列的表格，在"属性"面板中设置对齐方式为"居中对齐"，如图 8-13 所示。

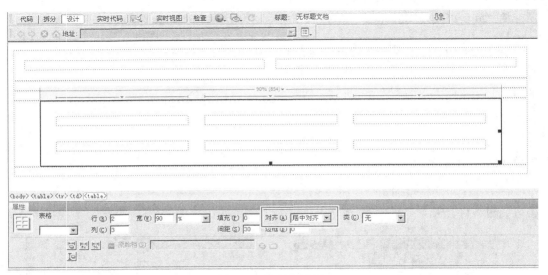

**图 8-13　设置居中对齐**

【小技巧】添加表格对话框中各选项的说明如图 8-14 所示。

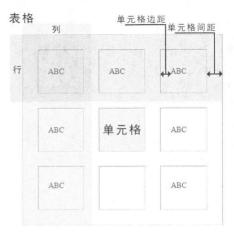

**图 8-14　表格属性说明**

### 8.2.2 添加各类网页元素

在 Dreamweaver 中可以添加各种元素来丰富页面效果，如文字、图片、声音和 Flash 文件等。文字和图片是最常用的网页元素。本节以添加文字和图片为例进行讲解。

（1）首先打开本书配套光盘"素材"下的"第 8 章"文件夹，复制所有的素材图片到站点根文件夹中已建立的"images"文件夹中。

【小技巧】如果已经建立本地站点并且设置了默认图像文件夹，那么从其他位置导入的图片会自动复制到默认图像文件夹内。

（2）将插入点放置在第一行嵌套表格的第一个单元格内，单击"插入"面板中的"常用"选项卡下的"图像"按钮，如图 8-15 所示。

图 8-15　单击"图像"按钮

（3）在弹出的对话框中选择要插入的图片文件"logo.png"，单击"确定"按钮。如不需添加图像说明文字，在"图像标签辅助功能属性"对话框中单击"取消"按钮。添加 Logo 图像如图 8-16 所示。

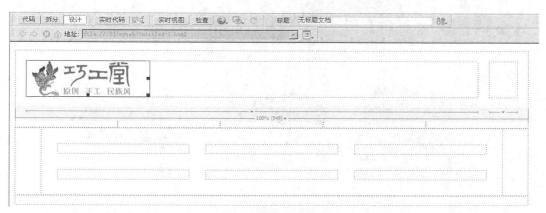

图 8-16　添加 logo 图像

（4）在第 1 行嵌套表格的第 2 个单元格内输入文字并选择输入的文字。在"属性"面板中单击"HTML"并选择"右对齐"，如图 8-17 所示。

（5）用同样的方法继续添加页面中的其他素材文件，最终显示效果如图 8-18 所示。

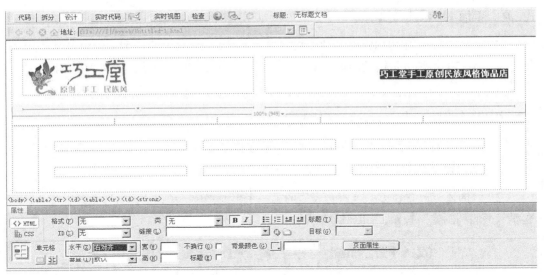

**图 8-17　添加主题文字**

**图 8-18　最终显示效果**

<table>
<tr><td>**8.3**</td><td>## 应用模板技术制作网站子页面</td></tr>
</table>

### 8.3.1 模板的基本知识

当在构建一个网站时，通常会根据网站的需要设计出一些风格一致、功能相似的页面。通过使用其模板来更新和创建网页，不但可以提高工作效率，还能为后期维护提供方便，从而快速地改变整个站点的布局和外观。

模板是一种特殊类型的文档，用于设计"固定的"页面布局；然后可以基于设计好的模板创建新文档，创建的文档会继承模板的页面布局。设计模板时，可以指定在基于模板的文档中可编辑的部分和不可编辑的部分。

【小技巧】使用模板可以控制大的设计区域，以及重复使用完整的布局。如果要重复使用个别设计元素，如站点的版权信息或标志，可以创建库项目。使用模板可以一次更新多个页面。从模板创建的文档与该模板保持连接状态（除非以后分离该文档）。可以修改模板并立即更新基于该模板的所有文档。

### 8.3.2 制作网站子页面

网站子页面的设计和布局通常保持统一的版式。在本例中，子页面基于模板技术来进行制作，因此建立子页面之前需要先制作子页面的模板。具体操作如下：

（1）打开 Dreamweaver，在欢迎页面中选择"更多"，如图 8-19 所示。

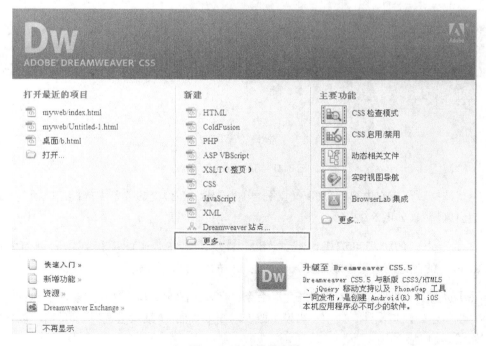

图 8-19 创建模板选项

（2）在"新建文档"对话框中选择"空模板"→"HTML 模板"→"无"。单击"创建"按钮，进入模板制作页面，如图 8-20 所示。

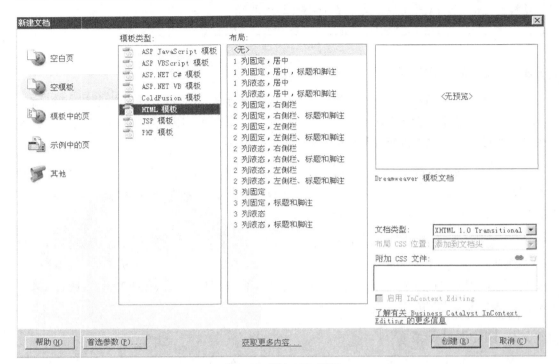

图 8-20　建立 HTML 模板

（3）在模板中应用表格进行子页面的布局，如图 8-21 所示。

图 8-21　在模板中创建表格

（4）选择页面正文内容部分的单元格，单击右键，在弹出的菜单中选择"模板"→"新建可编辑区域"，如图 8-22 所示。

（5）设定后的模板可编辑区域如图 8-23 所示。在基于此模板创建的页面中标注 EditRegion1 的蓝色框内是可编辑区域，其他区域的内容不可编辑。

（6）选择"文件"菜单下的"新建"命令，在弹出的对话框中选择"模板中的页"并选择上一步新建的模板文件，选中"当模板改变时更新页面"（默认被选择），单击"创建"按钮。如图 8-24 所示。

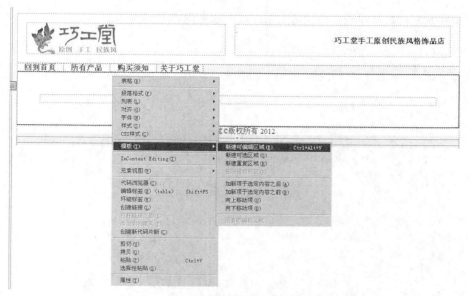

图 8-22 新建模板中的可编辑区域

图 8-23 可编辑区域

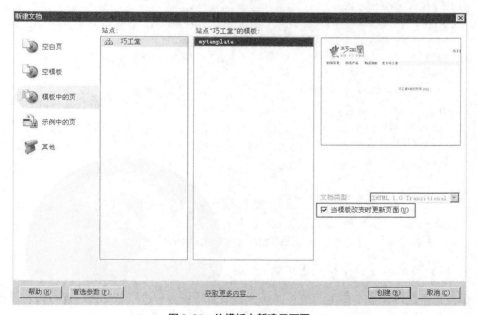

图 8-24 从模板中新建子页面

（7）在基于模板新建子页面的可编辑区域中添加内容，如图 8-25 所示。

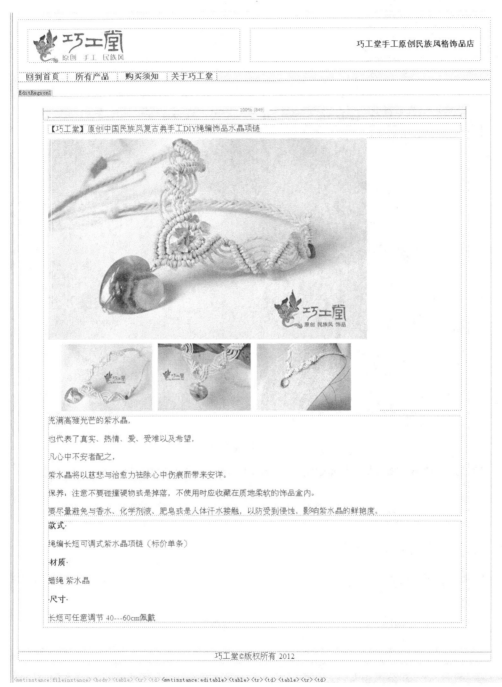

图 8-25　在可编辑区域添加内容

（8）重复第 6、7 步，继续创建其他子页面。

【小技巧】在创建基于模板的子页面后，如果对模板内容进行了修改，保存模板文件时，Dreamweaver 会弹出对话框，提示是否需要自动更新文件，如图 8-26 所示。

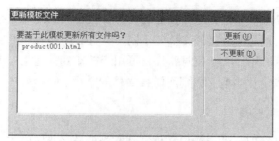

图 8-26 "更新模板文件"对话框

<table>
<tr><td>8.4</td><td>应用超链接建立网站页面间超链接</td></tr>
</table>

### 8.4.1 超链接的概念和种类

超链接属于一个网页的一部分，它是一种允许网页中的文字或图片和其他目标进行连接的元素。这个目标可以是一个页面、一张图片、一个电子邮件地址、一个文件，甚至是一个应用程序。各个网页元素链接在一起后，才能真正构成一个网站。

根据超链接的位置，一般分为以下 3 种类型：本地链接、锚点链接和外部链接。通常情况下，同一页面使用锚链接，同一站点的其他页面使用本地链接，不同站点的页面之间使用外部链接。

每个网页面都有一个唯一地址，称作统一资源定位器(URL)。创建超链接时，有 3 种路径类型供选择，在创建本地链接（即从一个文档到同一站点上另一个文档的链接）时，通常不指定作为链接目标的文档的完整 URL，而是指定一个始于当前文档或站点根文件夹的相对路径。

链接路径分为以下 3 种类型：

绝对路径（例如：http://www.adobe.com/support/dreamweaver/contents.html）。

文档相对路径（例如：dreamweaver/contents.html）。

站点根目录相对路径（例如：/support/dreamweaver/contents.html）。

#### 1. 绝对路径

绝对路径通常使用于外部链接，提供所链接文档的完整 URL，其中包括所使用的协议（如对于网页协议，通常为 http://）。必须使用绝对路径，才能链接到其他服务器上的文档。对本地链接（即到同一站点内文档的链接），也可以使用绝对路径链接，但不建议采用这种方式，因为一旦将此站点移动到其他域，则所有本地绝对路径链接都将断开。通过对本地链接使用相对路径，还能够在站点内移动文件时提高灵活性。

#### 2. 文档相对路径

文档相对路径通常使用于本地链接。对于大多数 Web 站点的本地链接来说，文档相对路径通常是最合适的路径。文档相对路径是省略掉文档相同的绝对路径部分，而只提供不同的路径部分。在当前文档与所链接的文档位于同一文件夹中，而且可能保持这种相对位置的情况下，相对路径特别有用。文档相对路径还可用于链接到其他文件夹中的文档，方法是利用文件夹层次结构，指定从当前文档到所链接文档的路径。

### 3. 站点根目录相对路径

站点根目录相对路径即从站点的根文件夹到文档的路径。如果在处理使用多个服务器的大型 Web 站点，或者在使用承载多个站点的服务器时则可能需要使用这些路径。

【小技巧】同一站点间不同页面最好使用文档相对路径。与绝对路径相比，这种链接方式更能确保路径始终保持正确。

### 8.4.2　建立网站页面间超链接

（1）将插入点放在文档中希望出现链接的位置，选择要创建超链接的元素。本例选择为文字"所有产品"创建链接，如图 8-27 所示。

图 8-27　选择添加链接的文字

（2）执行下列操作之一：

在"插入"面板的常用类别中单击"超级链接"按钮，如图 8-28 所示。在弹出的对话框的"链接"中输入链接的地址。

图 8-28　单击"超级链接"按钮

在"属性"面板的"链接"栏中输入链接的地址，如图 8-29 所示。

图 8-29 输入链接地址

【小技巧】如果站点中已经创建了相关页面，在输入链接地址时，可单击"链接"框右侧的文件夹图标，浏览并选择这个文件。

# 8.5 应用 CSS 美化网站页面

## 8.5.1 CSS 种类

CSS 是"Cascading Style Sheets"的简称，中文翻译为"层叠样式表"。对于网页排版与风格设计，CSS 是相当重要的。CSS 以它排版的特点，用以弥补既有 HTML 规格里的不足，也让网页的设计更为灵活。CSS 使 Web 设计人员和开发人员能更好地控制网页设计，并有效减小文件的体积。

CSS 分为 3 类。

（1）外部 CSS：CSS 文件与网页文件(HTML)是单独存放的。CSS 文件存储在一个单独的外部(.css) 文件中（而非 HTML 文件的源代码中）。利用 HTML 文档头部分的代码，将此文件链接到网站中的一个或多个页面。

例如：

```
<link rel="stylesheet" href="style.css" type="text/css"/>
```

（2）内部（或嵌入式）CSS：若干组包括在 HTML 文档头部分的 style 标签中的 CSS 规则。

例如：

```
<head>
<style type="text/css">
</style>
</head>
```

（3）内联样式 CSS：在整个 HTML 文档中的特定标签实例内定义 CSS（不建议使用内联样式）。

例如：

```
<div style="font-family:Arial,Helvetica,sans-serif;"> </div>
```

【小技巧】推荐使用外部 CSS，它是目前网页设计最常用、最易用的方式。它的优点是：

多个样式可以重复利用，多个网页可共用同一个 CSS 文件，这种结构对于大量页面的统一修改非常有效，因为不用为每一页都写同样的 CSS 代码。

### 8.5.2　CSS 美化网站页面

上一节创建的超链接没有应用 CSS，如图 8-30 所示。文字显示蓝色下画线效果表示超链接。通常，出于对网站设计视觉统一性的考虑，需要对各网页的相同元素和超链接设计统一的风格，这时就要用到 CSS。

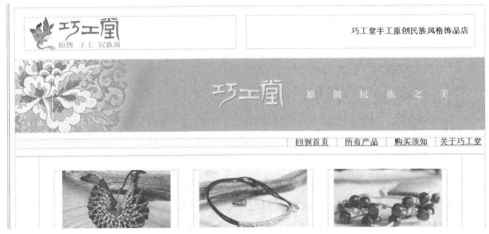

图 8-30　未应用 CSS 的超链接效果

（1）打开 CSS 面板，单击"新建 CSS 规则"按钮，如图 8-31 所示。

图 8-31　新建 CSS 规则

（2）在弹出的对话框中选择"复合内容"、"a:link"和"新建样式表文件"，如图 8-32 所示。

（3）单击"确定"按钮，弹出保存新建 CSS 文件的对话框。为 CSS 文件命名后，单击"保存"按钮。弹出"a:link 的 CSS 规则定义"对话框，如图 8-33 所示。

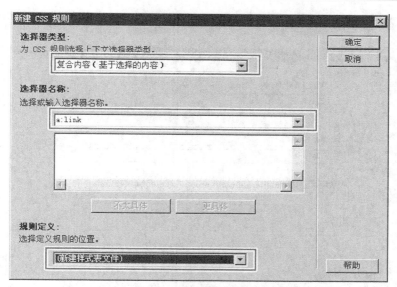

图 8-32 "新建 CSS 规则"对话框

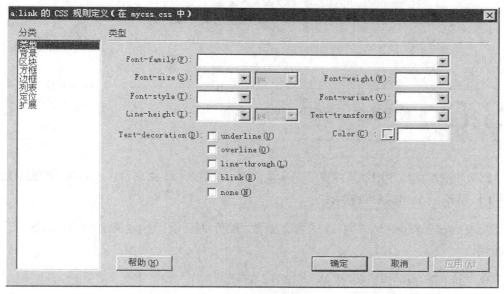

图 8-33 "a:link 的 CSS 规则定义"对话框

（4）选择"类型"中的 Color，设定超链接的颜色，单击"确定"按钮。

（5）重复第 1、3、4 步的操作。在第 2 步中选择其他的元素并在规则定义中选择已保存的 CSS 文件，如图 8-34 所示。

超链接外观设置相关的选择器具体含义如下。

a:link 超链接：第一次访问未被点击时的状态。

a:visited 超链接：被点击后再次访问的状态。

a:hover 超链接：鼠标经过状态。

a:active 超链接：激活状态。

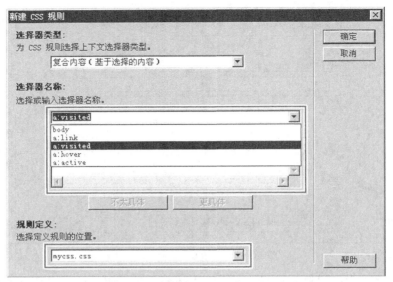

图 8-34　选择其他复合内容选择器

# 8.6　利用表单设计用户注册页面

网页中表单的使用增加了网页的交互性，还可以用来收集用户信息。网页上的表单通常包括两个部分：表单对象和应用程序。

使用 Dreamweaver 可以向表单中添加对象，还可以使用行为来判断访问者输入的信息的正确性。

在"插入"面板中选择"表单"，如图 8-35 所示。

图 8-35　表单面板

用户注册页面设计的具体操作如下：

（1）新建用户注册页面并建立表单的表格布局，如图 8-36 所示。

（2）为表格添加注册文字内容，如图 8-37 所示。

（3）把插入点置于"用户名"右侧的单元格，在"插入"面板中选择"表单"，单击"文本字段"插入文本域，如图 8-38 所示。

图 8-36　表单的表格布局

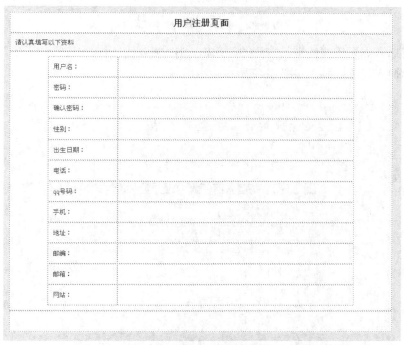

图 8-37　添加注册文字内容

图 8-38　添加文本字段

（4）在"密码"和"确认密码"右侧的单元格中，分别插入"文本字段"文本域。插入后的效果如图 8-39 所示。

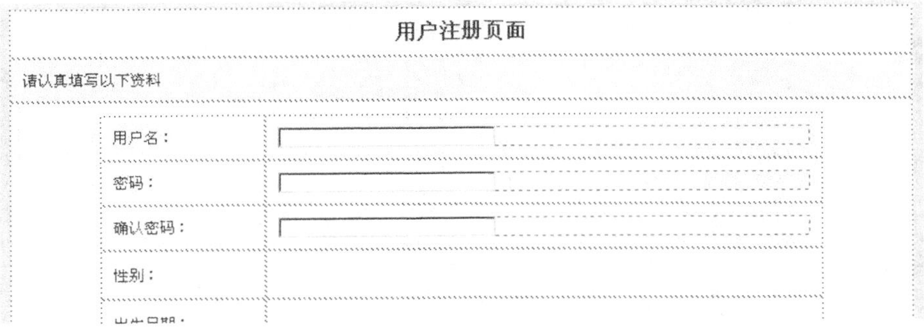

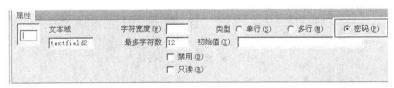

图 8-39　插入后的效果

（5）选择"密码"文本域，在"属性"面板中选择"密码"，如图 8-40 所示。对"确认密码"文本域执行同样的操作。

图 8-40　编辑"密码"文本域属性

（6）把插入点置于"性别"右侧的单元格，在"插入"面板中选择"表单"，单击"单选按钮组"插入单选按钮，如图 8-41 所示。

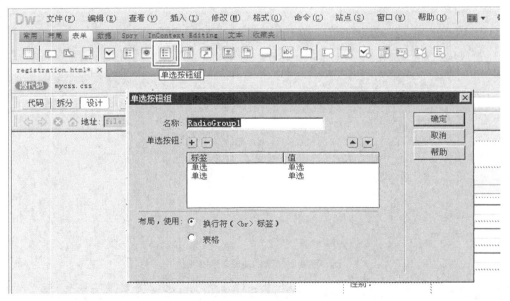

图 8-41　添加单选按钮组

（7）在"单选按钮组"对话框的标签中分别输入"男"和"女"，单击"确定"按钮。如图 8-42 所示。

图 8-42　单选按钮组

（8）把插入点置于"出生日期"右侧的单元格，在"插入"面板中选择"表单"，单击"选择（列表/菜单）"插入选择框，如图 8-43 所示。

图 8-43　添加选择（列表/菜单）

（9）采用同样的方法分别插入"年、月、日"，如图 8-44 所示。

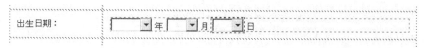

图 8-44　日期选择列表

（10）分别选中"年、月、日"选择框，在"属性"面板中选择"列表值"。在弹出的对话框中输入相应的数据，单击"确定"按钮，如图 8-45 所示。

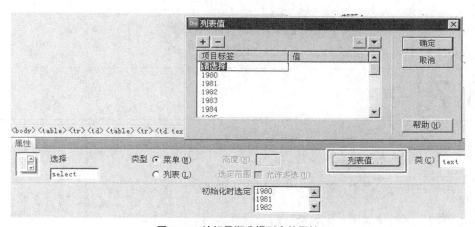

图 8-45　编辑日期选择列表的属性

（11）对其余的选项执行第 2 步的操作。

（12）把插入点置于用户资料下方的单元格，在"插入"面板中选择"表单"，单击"按钮"插入按钮，如图 8-46 所示。

图 8-46　添加按钮

表单实例最终效果如图 8-47 所示。

图 8-47　表单实例最终效果

# 8.7　习题

1. 请简述创建本地站点的步骤。

2. 用表格进行布局中，新建表格对话框中各选项的含义是什么？

3. 请问在网站建设中，模板的应用是怎样提高工作效率的？

4. 请简述 3 种类型超链接的应用范围。

5. CSS 在统一网站风格上有什么优势？

# 第9章
## 综合案例

**本章知识重点:**

1. 使用 Photoshop 设计页面

2. 使用 Dreamweaver 排版网页

3. 使用 Flash 设计网页动画

---

# 9.1 使用 Photoshop 设计页面

## 9.1.1 设计首页

(1)新建文件,文件大小为 1020×1050 像素,分辨率为 72,RGB 模式文件。执行菜单栏"文件"下的"打开"命令,打开本书配套光盘"素材"下"项目九"目录下的"001"文件,如图 9-1 所示。

**图 9-1 素材文件**

(2)单击添加图层样式按钮 ,为该图层添加投影,如图 9-2 所示。将素材继续拖入文件,完成上述步骤,效果如图 9-3 所示。

图9-2　添加投影

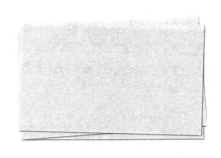

图9-3　添加投影效果

（3）在工具箱中选择文字工具 T，设置字的大小为 34 点，输入文字"电子工程职业学院"。设置字体颜色为黑色（R：0、G：0、B：0），效果如图 9-4 所示。继续输入文字"COLLEGE OF ELECTRONIC ENGINEERING"，设置字的大小为 11，最后输入文字"厚德 强能 求实 创新"，楷体，设置字的大小为 36 点，效果如图 9-5 所示。

图9-4　添加文字

图9-5　添加文字效果

（4）在工具箱中选择直线工具 ，在"厚德 强能 求实 创新"上下侧绘制粗细为 1 像素的两条黑色直线，效果如图 9-6 所示。最后输入文字"中文版 英文版"。设置字体大小为 24 点，颜色为深灰色（R：35、G：35、B：35），最终效果如图 9-6 所示。

图9-6　最终效果

### 9.1.2 设计内页

（1）新建文件，文件大小为 1020×1050 像素，分辨率为 72，RGB 模式文件。在文件中将所有的素材文件放在文件中合适的位置上，效果如图 9-7 所示。

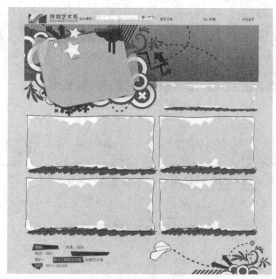

图 9-7 添加素材

（2）执行菜单栏"文件"下的"打开"命令，打开本书配套光盘"素材"下"项目九"目录下的"002"文件，如图 9-8 所示。在图层菜单中复制多个文件，放在合适的位置中，效果如图 9-9 所示。

图 9-8 素材文件

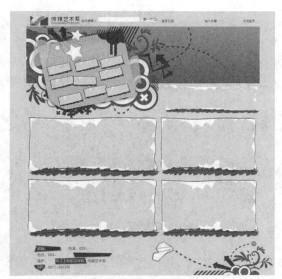

图 9-9 添加素材效果

（3）执行菜单栏"文件"下的"打开"命令，打开本书配套光盘"素材"下"项目九"目录下的"003、004、005"文件，如图 9-10 ~ 图 9-12 所示。在图层菜单中复制多个文件，放在合适的位置中。素材效果如图 9-13 所示。

（4）执行菜单栏"文件"下的"打开"命令，打开本书配套光盘"素材"下"项目九"目录下的"006"文件，放在合适的位置中。素材效果如图9-14所示。

图9-10　003文件　　　　　　　　图9-11　004文件　　　　　　　　图9-12　005文件

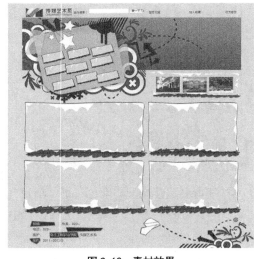 

图9-13　素材效果　　　　　　　　　　　　图9-14　素材效果

（5）在工具箱中选择文字工具 T，设置字的大小为24点，字体为"少儿方正"。设置字体颜色为黑色（R：0、G：0、B：0），效果如图9-15所示。继续添加字体，设置字的大小为12点，字体为"宋体"。设置字体颜色为黑色（R：0、G：0、B：0），最终效果如图9-16所示。

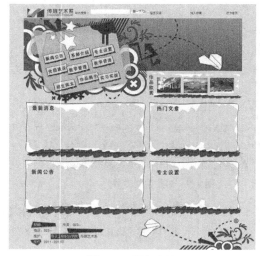 

图9-15　添加字体　　　　　　　　　　　　图9-16　最终效果

（1）建立站点。

（2）利用表格进行整体布局，新建一个 10 行 10 列，宽为 1021 像素，边框粗细、单元格边距、单元格间距均为 0 的表格，再通过表格嵌套，得到如图 9-17 所示的表格。

（3）将本书配套光盘"素材"下"项目九"目录下 007 文件夹下的图片插入对应位置的表格中。插入素材效果如图 9-18 所示。

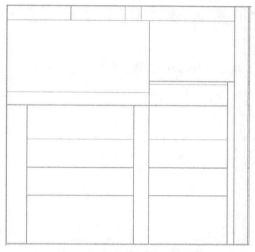

图 9-17　建立表格效果

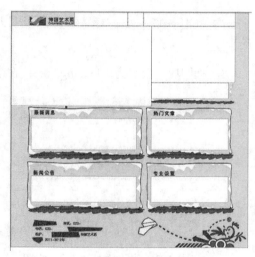

图 9-18　插入素材效果

（4）将本书配套光盘"素材"下"项目九"目录下的 008 文件夹中的 3 个 flash 影片，插入到对应的表格位置。插入动画效果如图 9-19 所示。

（5）通过表格嵌套，排版页面上的其他文字和表单元素。页面字体排版效果如图 9-20 所示。

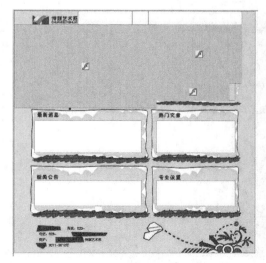

图 9-19　插入动画效果

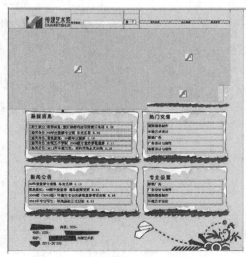

图 9-20　页面字体排版效果

（6）最终网页浏览的效果参考光盘中最终效果文件夹下，项目九网页文件夹下的 index.html 文件。

# 9.3 　使用 Flash 设计网页动画

### 9.3.1　首页动画的制作

（1）新建 Flash 文档，设置帧频为 12，舞台尺寸为 1020×1049，舞台背景颜色为白色。

（2）将本书配套光盘"素材"下"项目九"目录下的"009"图片导入到库，如图 9-21 所示。

（3）把图层 1 改名为"loading"层，在第 1 帧绘制 loading 背景，如图 9-22 所示。

图 9-21　导入素材后的库面板效果

图 9-22　舞台绘制对象后效果图

（4）复制绘制的矩形条，把颜色改为红色，宽度和高度都改小 8 个像素左右，转换为 MC 元件"LOADING"，和原来的矩形条对齐。转换元件后效果图如图 9-23 所示。

loading......

*请稍等，精彩继续！*

图 9-23　转化元件后效果图

（5）选中舞台上的红色矩形条实例，添加以下脚本：

```
onClipEvent (load)
{
    this._xscale = 0;
    total = _root.getBytesTotal();
}
  onClipEvent (enterFrame)
  {
    loaded = _root.getBytesLoaded();
    percent = int(loaded / total * 100);
```

```
_root.txt = percent + "%";
this._xscale = percent;
if (loaded == total)
{
        _root.gotoAndPlay(2);
} }
```

动作面板效果图如图 9-24 所示。

图 9-24 动作面板效果图

（6）新建图层 2，改名"背景纸 1"，在第 2 帧插入关键帧，从库中调入素材"背景纸"，调整其大小和位置，转换为 MC 元件"背景纸"，添加投影滤镜，模糊 X、Y 为 20 像素左右，品质为高，如图 9-25 所示。舞台效果如图 9-26 所示。

图 9-25 属性面板设置

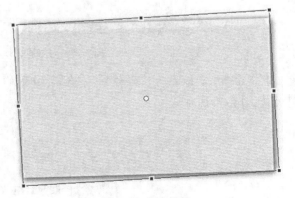

图 9-26 舞台效果

（7）复制图层 2 的第 2 帧，新建图层 3、4，分别在第 2 帧粘贴帧，改名为"背景纸 2"和"背景纸 3"，调整纸的位置。时间轴效果和舞台效果分别如图 9-27 和图 9-28 所示。

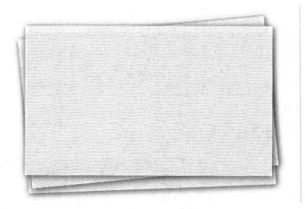

图 9-27　时间轴效果　　　　　　　　　　　图 9-28　舞台效果

（8）在"背景纸 1"层的第 10 帧插入关键帧，在第 2 帧创建传统补间，选中第 2 帧的图像，调整透明度为 0%，并将位置调到左边的后台，出现纸从舞台的左边飞入舞台，同时透明度变化的动画。

（9）在"背景纸 2"层的第 20 帧插入关键帧，将第 2 帧移动到第 10 帧，创建传统补间，选中第 10 帧的图像，调整透明度为 0%，并将位置调到上边的后台，出现纸从舞台的上边飞入舞台，同时透明度变化的动画。

（10）在"背景纸 3"层的第 30 帧插入关键帧，将第 2 帧移动到第 20 帧，创建传统补间，选中第 20 帧的图像，调整透明度为 0%，并将位置调到右边的后台，出现纸从舞台的上边飞入舞台，同时透明度变化的动画。时间轴效果如图 9-29 所示。

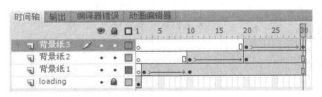

图 9-29　时间轴效果

（11）新建图层，取名为"文字 1"，在第 30 帧插入关键帧，写入文字"电子工程职业学院"，如图 9-30 所示。

图 9-30　写入文字后舞台效果

（12）选中文字，转换为 MC 元件"文字 1"，双击进入元件编辑。选中文字分离一次，将文字分离成单个，在任一个文字处单击右键，在弹出的快捷菜单中选择"分散到图层"，每个文字自动分散到一个图层。时间轴效果如图 9-31 所示。

（13）插入新建 MC 元件"图形"，用矩形工具绘制 5×5 的红色矩形，居中舞台对齐，如图 9-32 所示。

图 9-31　时间轴效果

图 9-32　绘制矩形

（14）插入新建 MC 元件"矩形"，在图层 1 的第 1 帧，拖入库中的 MC 元件"图形"，实例名称取为"P"，居中舞台对齐，在第 3 帧插入关键帧。新建图层 2，在第 1、2、3、5 帧插入关键帧。

```
在第 1 帧加入脚本：x = random(10)-5;
                   y = random(10)-5;
                   scale = random(10)-5;
在第 2 帧加入脚本：setProperty("p", _x, Number(getProperty("p", _x))+Number(x));
setProperty("p", _y, Number(getProperty("p", _y))+Number(y));
setProperty("p", _alpha, getProperty("p", _alpha)-2);
setProperty("p", _xscale, Number(getProperty("p", _xscale))+Number(scale));
setProperty("p", _yscale, Number(getProperty("p", _yscale))+Number(scale));
i = Number(i)+1;
if (Number(i) == 50) {
  gotoAndStop(5);
}
在第 3 帧加入脚本：gotoAndPlay(2);
```

时间轴效果如图 9-33 所示。

（15）双击库中的元件"文字 1"，进入编辑，在图层 1 放入 MC 元件"矩形"，多次放入，排列成"电"字。多次放入矩形后的舞台效果如图 9-34 所示。

图 9-33　时间轴效果

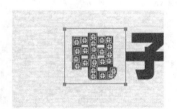

图 9-34　多次放入矩形后的舞台效果

（16）新建图层 2，在第 5 帧插入关键帧，反复放入库中的 MC 元件"矩形"，排列成"子"字，如图 9-35 所示。

（17）采用同样的方法，分别新建图层 3、4、5、6、7、8，分别推后 5 帧，在第 10、15、20、25、30、35 帧插入关键帧，反复调入 MC 元件"矩形"，分别组成"工"、"程"、"职"、"业"、"学"、"院"字。

图 9-35　多次放入矩形后的舞台效果

（18）在"电"字层第 1 帧创建补间动画，第 10 帧插入关键帧，将第 1 帧的对象的 Alpha 值设为 0%。后面每个字层依次推后 5 帧，创建相同的 10 帧的透明度变化的补间。"子"字层为 5 ~ 15 帧，"工"字层为 10 ~ 20 帧，"程"字层为 15 ~ 25 帧，"职"字层为 20 ~ 30 帧，"业"字层为 25 ~ 35 帧，"学"字层为 30 ~ 40 帧，"院"字层为 35 ~ 45 帧。新建图层 9，在第 50 帧插入关键帧，打开动作面板，添加动作：stop();。时间轴效果如图 9-36 所示。

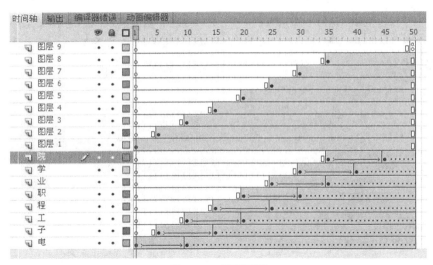

图 9-36　时间轴效果

（19）回到场景 1，在"文字 1"、"背景纸 1"、"背景纸 2"、"背景纸 3"的第 80 帧插入关键帧。

（20）新建图层 6，改名为"文字 2"，在第 60 帧插入关键帧，写入文字后的舞台效果如图 9-37 所示。

图 9-37　写入文字后舞台效果

（21）在"文字 2"层的第 60 帧创建传统补间，在第 70 帧插入关键帧，在第 60 帧的字的 Alpha 值被调整为 0%。

（22）新建层"线 1"，在第 62 帧插入关键帧，在舞台上绘制一条直线，如图 9-38 所示。

图 9-38　绘制直线

（23）创建传统补间，在第 65 帧插入关键帧，第 62 帧的直线移动到舞台的左边。

（24）采用同样的方法创建层"线 2"，做 63～66 帧的传统补间动画，第 2 根线从舞台的左边移动到舞台中间。最后的舞台效果和时间轴效果分别如图 9-39 和图 9-40 所示。

图 9-39　舞台效果

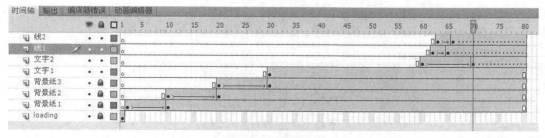

图 9-40　时间轴效果

（25）新建层，改名"文字 3"，在第 66 帧插入关键帧，在舞台上写上文字"厚德　强能　求实　创新"，如图 9-41 所示。

（26）新建层，改名"遮罩"，在第 66 帧插入关键帧，绘制一个能完全覆盖文字 3 的长条矩形，创建传统补间动画，将第 66 帧移动到文字的左边，在第 80 帧插入关键帧，将矩形移动到覆盖文字的位置，将本层变为真正的遮罩层。时间轴效果如图 9-42 所示。

图 9-41　写入文字后的舞台效果

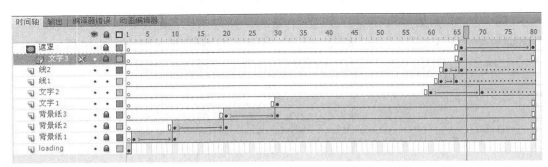

图 9-42　时间轴效果

（27）新建层"文字 4"，在第 75 帧插入关键帧，写上两组文字"中文版　英文版"，如图 9-43 所示。

图 9-43　写入文字后舞台效果

（28）选择"文字 4"层，第 75 帧的文字转换为 MC 元件"文字 4"，双击进入元件编辑，选中文字，单击鼠标右键，选择命令分散到图层，将两组文字分散到不同的层。时间轴效果如图 9-44 所示。

（29）选择中文版层的第 1 帧，创建传统补间动画在第 5 帧插入关键帧，将第 1 帧的字的 Alpha 值调整为 0%。英文版层也做相同的动画，在图层 1 的第 5 帧插入关键帧，加入 Stop 命令。时间轴效果如图 9-45 所示。

图 9-44　时间轴效果　　　　　　　　　图 9-45　时间轴效果

（30）新建层"按钮"，在第 80 帧插入关键帧，在"中文版"几个字上绘制一个矩形，选中矩形转换为按钮元件，双击进入按钮元件，将矩形图形从按钮弹起帧拖动到点击帧，让按钮变为隐形按钮。回到场景 1，复制一个隐形按钮到文字"英文版"上。选择隐形按钮添加动作脚本：on (press) {getURL("index.html");}

（31）回到场景 1，新建层"音乐"，在第 2 帧插入关键帧，导入配套光盘中"素材"文件夹下的"项目九"文件夹下的声音文件"014.wav"到库，然后放入此层的第 2 帧。

（32）新建层"action"，在第 80 帧插入关键帧，加入 Stop 命令。时间轴效果如图 9-46 所示。

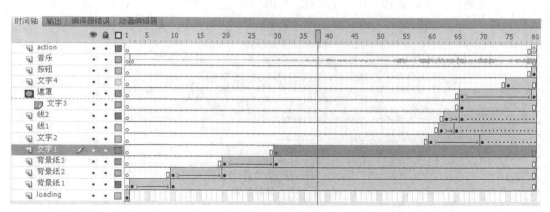

图 9-46　时间轴效果

（33）保存文件，测试影片，导出动画效果，发布成网页 HTML 格式文件。

### 9.3.2　网页页面动画的制作

#### 1. 网页滚动图片动画制作实例

（1）新建 ActionScript 2.0 Flash 文档，设置帧频为 12，舞台尺寸为 340×75，舞台背景颜色为白色。

（2）将配套光盘"素材"下"项目九"下"010"文件夹下的所有图片导入到库，在第 1 帧将图片一张张导入，大小统一调整为 98×75，水平排列成一排，转换为 MC "t1"，如图 9-47 所示。

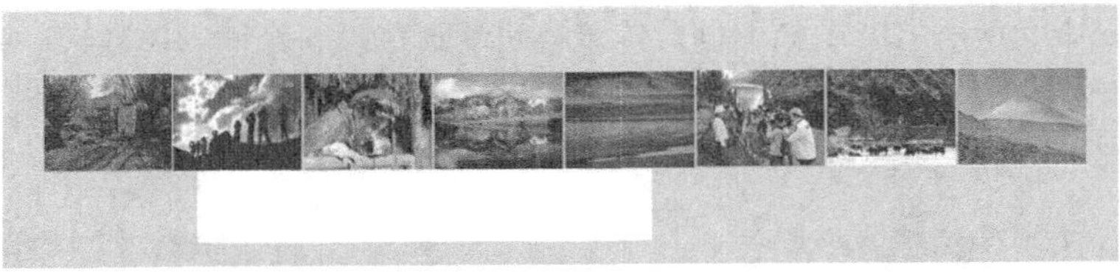

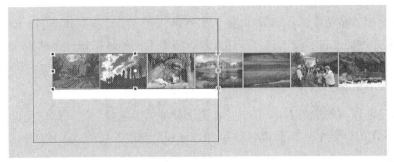

图 9-47 舞台显示效果

（3）在场景 1 中将 MC 元件"t1"分离，左边和舞台左边对齐，选中在舞台内的部分，转换为元件"t2",删除舞台上的内容。舞台效果如图 9-48 所示。

图 9-48 舞台效果

（4）重新调入 MC 元件"t1"分离后，右边和舞台右边对齐，选中在舞台内的部分，转换为元件"t3"，删除舞台上的内容。舞台效果如图 9-49 所示。

图 9-49 舞台效果

（5）新建 MC"t4"，将 t3、t1、t2 调入，并依次从左到右排列，如图 9-50 所示。

图 9-50 图片排列效果

（6）回到场景 1，在第 1 帧放入 MC"t4"。

（7）将 t4 移到舞台最左边，记录下实例的 $X$ 轴的值为 449，将 t4 移到中间对应最左边的图片相同的状态，记录此时 $X$ 轴的值为-332。

（8）将 car4 移到舞台最右边，记录下实例的 $X$ 轴的值为-674，将 car4 移到中间对应最右边的图片相同的状态，记录此时 $X$ 轴的值为 106。

（9）将舞台上的实例取名为"tp"，相对舞台顶对齐，新建层 2，在第 1 帧加入如下脚本：

```
dx=2;
if(_root._xmouse>170){
        x=this.tp._x+dx;
if(Number(x)<= 449){
this.tp._x=Number(x);}
else{this.tp._x=-332;}}else{x=this.tp._x-dx;
    if(Number(x)>=-674){this.tp._x=Number(x);}
else{this.tp._x=106;}}
```

（10）在图层 1 的第 2 帧插入关键帧，图层 2 的第 2 帧插入关键帧，在图层 2 的第 2 帧加上相同的脚本。测试影片，可以看到动画效果。图片在自行滚动，并且图片会根据鼠标在舞台的左右位置而改变左右滚动的方向。

（11）插入新建元件——按钮元件"隐形按钮"，再单击帧绘制一个任意颜色的矩形。选择该矩形，调整其大小为 98×75，相对舞台居中对齐。

（12）双击库中的元件"t4"，进入编辑。将隐形按钮放到每张图片上，如图 9-51 所示。

图 9-51　放入隐形按钮后的效果

（13）在每个隐形按钮上加入如下命令脚本：

```
on(rollOver){
  _root.stop();
  }
on(rollOut){
  _root.play();
}
```

动作面板效果如图 9-52 所示。

图 9-52　动作面板效果

（14）测试影片，可以看到图片滚动，并且鼠标移过舞台的左边，图片朝左滚动，鼠标移过舞台的右边，图片朝右滚动，鼠标处于某张图片上，滚动停止，鼠标移开，滚动继续。

**2. 星星闪烁动画**

（1）新建 ActionScript 2.0 Flash 文档，设置帧频为 24，舞台尺寸为 602×358，舞台背景颜色为白色。

（2）导入本书配套光盘"素材"下"项目九"目录下的"011"文件到舞台，居中舞台对齐。导入图片后的舞台效果如图 9-53 所示。

图 9-53   导入图片后舞台效果

（3）创建按钮元件，取名"隐形"，再点击帧插入关键帧，绘制一个任意颜色，任意大小的矩形。时间轴效果如图 9-54 所示。

（4）回到场景 1，将库面板里的"隐形"按钮反复拖入，调整其大小、位置到字上，舞台效果如图 9-55 所示。

图 9-54   时间轴效果                       图 9-55   舞台效果

（5）新建影片剪辑元件"星星"，在第 1 帧选择"多角星形工具"，绘制一颗边框为黑色，填充色为#FDFEFE 的五角星，如图 9-56 所示。

（6）选中 MC 元件"星星"的第 1 帧，创建传统补间，在第 10 帧插入关键帧，在第 20帧插入关键帧，将第 10 帧的星星选中，在属性面板设置色彩效果样式为"色调"，将色调值调为 85%。属性面板设置如图 9-57 所示。

图 9-56　绘制五角星

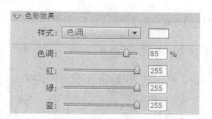

图 9-57　属性面板设置

（7）回到场景 1，新建图层 2，打开库面板，3 次拖入 MC 元件"星星"，调整其大小和角度位置，和背景上星星图案的位置基本重合。放入对象到舞台效果如图 9-58 所示。

图 9-58　放入对象到舞台效果

（8）保存动画，并测试影片效果。

**3.　飞机动画**

（1）新建 ActionScript 2.0 Flash 文档，设置帧频为 12，舞台尺寸为 360×252，舞台背景颜色为白色。

（2）导入本书配套光盘"素材"下"项目九"目录下的"012"文件到舞台，居中舞台对齐。导入图片到舞台效果如图 9-59 所示。

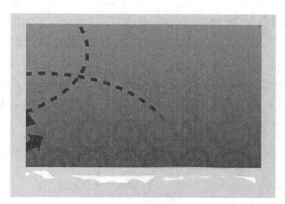

图 9-59　导入图片到舞台效果

（3）创建影片剪辑元件"飞机"，进入编辑。在第 1 帧导入本书配套光盘"素材"下"项目九"目录下的"013"文件到舞台，位置 X:-89.65,y:-52.65 和宽:37.9。高:28.00。属性面板设置如图 9-60 所示。

（4）在第 1 帧创建传统补间，在第 15 帧、17 帧、30 帧分别插入关键帧。

（5）修改第 1 帧飞机图案的 Alpha 值为 0%，15 帧飞机的位置 X:10.3,Y:25.35 和宽:103.00，高:76.00，第 17 帧飞机的位置 X:-6.65,Y:10.35 和宽:103.00,高:76.00，第 30 帧飞机的位置 X:110,Y:138 和宽:103.00,高:76.00，Alpha 的值为 0%。时间轴效果如图 9-61 所示。

图 9-60 属性面板设置

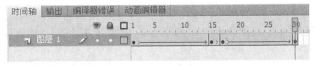

图 9-61 时间轴效果

（6）回到场景 1，在图层 1 的第 30 帧插入关键帧，新建图层 2，反复多次拖入库中的 MC 元件"飞机"，并改变其大小和位置。导入元件后的舞台效果如图 9-62 所示。

（7）保存文件，测试影片。动画测试效果如图 9-63 所示。

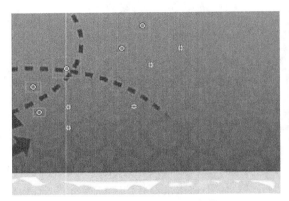

图 9-62 导入元件后的舞台效果

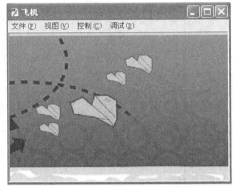

图 9-63 动画测试效果

# 9.4 总结与经验累积

通过本章的实例操作练习，读者可以再次熟悉几个软件的基本操作，以及了解在网页的设计与制作中，各个软件所起到的作用和功能。读者可以根据自己掌握的情况，结合软件的运用来设计和制作自己的网站。

# 9.5 习题

1. 使用 Photoshop 软件设计自己网页的平面效果。

2. 使用 Flash 软件在自己设计的网页上制作动画。

3. 使用 Dreamweaver 软件排版合成网页。